CLASSE DE SEPTIÈME

GÉOGRAPHIE ÉLÉMENTAIRE

DE LA FRANCE

COURS COMPLET DE GÉOGRAPHIE

A L'USAGE

DES ÉTABLISSEMENTS D'ENSEIGNEMENT SECONDAIRE

GÉOGRAPHIE ÉLÉMENTAIRE
DE LA FRANCE

PAR

M. H. PIGEONNEAU

PROFESSEUR D'HISTOIRE A LA FACULTÉ DES LETTRES
DE PARIS, VICE-PRÉSIDENT DE LA SOCIÉTÉ DE GÉOGRAPHIE COMMERCIALE

Ouvrage rédigé conformément aux programmes officiels et contenant
17 cartes et 15 figures intercalées dans le texte

CLASSE DE SEPTIÈME

SIXIÈME ÉDITION

PARIS

LIBRAIRIE CLASSIQUE EUGÈNE BELIN

BELIN FRÈRES

RUE DE VAUGIRARD, 52

1890

Tout exemplaire de cet ouvrage, non revêtu de notre griffe, sera réputé contrefait.

Belin frères

SAINT-CLOUD. — IMPRIMERIE BELIN FRÈRES.

CLASSE DE SEPTIÈME

GÉOGRAPHIE ÉLÉMENTAIRE
DE LA FRANCE

INTRODUCTION

NOTIONS GÉNÉRALES
TEXTE ET RÉSUMÉ (1)

I

La *géographie* est la description de la terre.

Les globes et les cartes. — Les *globes* et les *cartes* sont indispensables pour étudier la géographie.

Les globes seuls donnent une idée de la véritable figure de la terre, qui est une boule ou une *sphère*, ayant 40 000 kilomètres de tour.

Les cartes planes, au contraire, altèrent plus ou moins la forme des contrées qu'elles représentent.

Points cardinaux. — On appelle points *cardinaux* ou fondamentaux, quatre points qui servent à fixer la position de toutes les parties de la surface de la terre, les unes

---

(1) Chaque définition de ce chapitre doit être éclaircie par la démonstration au tableau noir toutes les fois qu'elle est possible, par la démonstration sur le globe ou sur les cartes en relief; par l'explication des signes qu'on emploie dans les cartes pour représenter les principaux accidents de la géographie physique, rivières, montagnes, etc., enfin par des exemples choisis dans les localités familières à l'enfant et parmi les objets qu'il connaît. Nous ajouterons que nous avons groupé les définitions dans un seul chapitre pour la commodité du maître et de l'élève, mais que nous croyons impossible de les faire apprendre de suite et réciter comme une leçon ordinaire. Il faut les expliquer à l'enfant à mesure que l'occasion se présente, y revenir souvent et surtout les rendre sensibles, et les lui faire retenir par la vue, bien plus que par les mots.

Le chapitre presque entier se composant de définitions qu'il eût été difficile d'abréger, nous avons cru inutile d'y ajouter un résumé qui ne serait que la répétition du texte, et nous avons rejeté en notes tout ce qui n'est pas indispensable. Le texte peut donc servir de résumé.

par rapport aux autres. Ce sont : 1° l'*Est* ou *Orient* (levant), côté où le soleil se lève ; 2° l'*Ouest* ou *Occident* (couchant), côté où le soleil se couche ; 3° le *Nord*, que l'on a à sa gauche quand on regarde l'est ; 4° le *Sud* ou *Midi*, que l'on a à sa droite quand on regarde l'est.

Sur les cartes, le *Nord* est placé en haut, le *Sud* en bas, l'*Est* à droite, l'*Ouest* à gauche.

II

On appelle géographie *physique* (*naturelle*) celle qui se borne à décrire la terre telle que Dieu l'a faite, et sans s'occuper des œuvres de l'homme.

La géographie *politique*, au contraire, énumère et décrit les villes que l'homme a bâties, les Etats qu'il a fondés, les divisions qu'il a établies.

Géographie physique.

Divisions générales du globe. Les mers. — La superficie du globe est occupée par les *terres* et par l'*Océan* ou les *mers*.

L'*Océan* est un immense dépôt d'eaux salées qui s'est formé dans les parties les plus creuses de la surface terrestre et qui en couvre les trois quarts (3,830,200 myriamètres carrés, sur 5,100,000 myriamètres carrés).

Une *mer* est une division de l'Océan : un *golfe*, une *baie*, une *anse* ou une *rade* est une étendue d'eau plus ou moins considérable qui s'avance dans les terres.

Un *courant maritime* est un mouvement qui se produit dans les eaux de la mer et qui les entraîne dans une certaine direction. Il y a des courants chauds et des courants froids. La *marée* est le gonflement et l'abaissement, ou le *flux* et le *reflux* des eaux de la mer qui montent deux fois et qui descendent deux fois par jour.

Les plus grandes profondeurs connues des mers ne dépassent pas 8,000 ou 9,000 mètres, c'est-à-dire la hauteur des plus hautes montagnes du globe.

III

Les terres. Relief du sol. — Les terres sont des *continents* ou des *îles*.

Un *continent* est une terre d'une très grande étendue ; une

GÉOGRAPHIE PHYSIQUE.

île, une terre plus petite entourée d'eau de toutes parts; un groupe d'îles se nomme *archipel*.

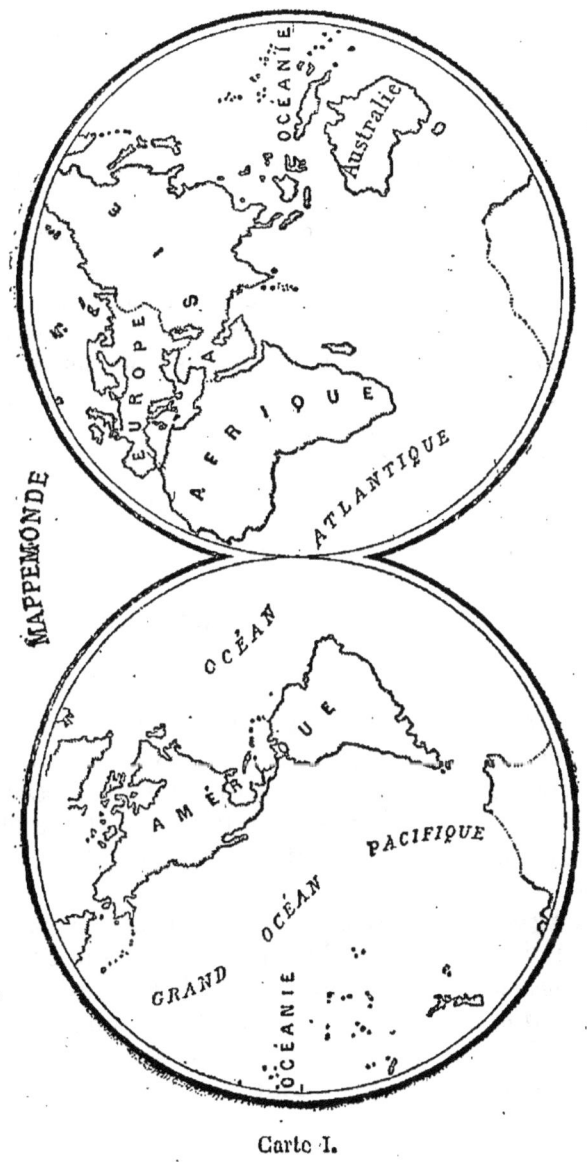

Carte I.

On entend par *relief du sol* les hauteurs diverses que présente la surface des terres et que l'on mesure en les rapportant à un niveau commun, celui de la mer, qui est le même dans toutes les parties du globe.

Une *montagne* est une masse de terre et de rochers d'une grande élévation et qui occupe un espace considérable; les plus hautes n'atteignent pas 9,000 mètres au-dessus du niveau de la mer; celles qui sont peu élevées se nomment *collines*.

Une *chaîne* de montagnes est une suite de montagnes qui se touchent au moins par leur base. La partie la plus élevée d'une montagne ou d'une chaîne se nomme le *sommet* ou la *crête*.

Au-dessus du massif de la chaîne, se dressent des sommets isolés, qui reçoivent, suivant leur forme, les noms de *pics* ou d'*aiguilles*, s'ils finissent en pointe; de *dômes*, s'ils présentent une forme arrondie; de *dents*, s'ils se terminent par une arête étroite et escarpée.

Un *volcan* est une montagne creusée au sommet en forme d'entonnoir ou de *cratère*, et qui vomit de la fumée et des matières en fusion nommées *laves*.

Un *col* ou *défilé* est un passage étroit entre deux montagnes.

Une *vallée* est un espace plus large, qui s'ouvre entre des montagnes ou des collines.

Une *plaine* est un espace plat ou peu accidenté : un *plateau* est une plaine élevée au-dessus des terres environnantes.

Un *désert* est une terre stérile, inhabitée et ordinairement sans eau et couverte de sables : une *oasis* est un espace cultivé et habité au milieu d'un désert : un *steppe* est une plaine ou un plateau couvert de végétation, mais inculte et sans arbres.

Les rivages. — La *côte* ou le *littoral* est la partie d'un continent ou d'une île baignée par la mer : un *cap*, une *pointe* ou un *promontoire* est une saillie de la côte qui s'avance dans la mer : une *presqu'île* ou *péninsule* est une terre entourée d'eau de tous les côtés, sauf un seul : un *isthme* est une langue de terre qui réunit une presqu'île au continent.

IV

Les eaux douces. — Un *lac* est un amas d'eau douce ou quelquefois salée, sans courant et entourée de terre de tous côtés : un lac très petit s'appelle un *étang*, et, s'il est très peu profond, un *marécage*.

Un *fleuve* (1) est une eau courante qui coule sur une pente plus ou moins rapide, et qui se jette dans la mer ou dans un grand lac, après un cours d'une certaine étendue : une *rivière* est une eau courante qui se jette dans un autre cours d'eau, ou même dans la mer, mais qui, dans ce cas, est d'une longueur médiocre : les petits cours d'eau sont des *ruisseaux* ou des *torrents*. On appelle *ruisseaux* ceux qui coulent dans une plaine ou dans une vallée où la pente est modérée ; *torrents,* ceux qui coulent du haut des montagnes sur une pente très rapide.

La *source* d'un cours d'eau est l'endroit où il sort de terre (2) ; son *embouchure*, l'endroit où il se jette dans la mer ; le *confluent* de deux cours d'eau est l'endroit où ils se réunissent : la *rive droite* d'un fleuve ou d'une rivière est celle qui se trouve à la droite d'une personne qui descend le courant ; la *rive gauche*, celle qui se trouve à sa gauche.

Un *versant* est une pente ainsi nommée parce qu'elle verse dans une même direction toutes les eaux qui l'arrosent.

Le *bassin* d'une mer est l'ensemble des versants où coulent tous les cours d'eau qu'elle reçoit ; celui d'un fleuve, l'ensemble des versants arrosés par ce fleuve et ses affluents.

V

L'atmosphère. — L'*atmosphère* est la couche d'air épaisse de 50 à 70 kilomètres qui enveloppe le globe : les mouvements de l'atmosphère produisent les *vents* et les *tempêtes* ; les vapeurs d'eau qui s'y amassent produisent les *nuages*, le *brouillard*, les *pluies*, la *grêle*, la *neige*. La température décroissant à mesure qu'on s'élève dans l'atmosphère, les neiges ne fondent plus au-dessus de 2,700 ou de 2,800 mètres dans nos contrées, et forment des *glaciers* en s'accumulant sur les pentes et dans les vallées des hautes montagnes.

---

(1) Les fleuves et les rivières ont un courant parce que leur lit, c'est-à-dire l'espèce de rigole dans laquelle ils sont encaissés, suit une pente qui descend toujours depuis la source jusqu'à l'embouchure.

(2) De la surface des mers s'élève continuellement de la vapeur d'eau que les vents emportent, qui se condense en nuages, puis qui retombe en neiges et en pluies. Les neiges s'accumulent sur les montagnes, les pluies s'infiltrent à travers le sol et s'amassent dans des cavités souterraines. Telle est l'origine des fleuves et des rivières, qui reportent à la mer l'eau qu'ils en ont reçue.

1.

Les différences de température et de variations atmosphériques constituent les *climats*.

Les climats. — Le climat varie avec l'élévation du terrain au-dessus du niveau de la mer, avec la nature du sol et surtout avec la situation du pays.

Dans la partie du monde que nous habitons, la température baisse à mesure que l'on s'avance vers le Nord, mais les îles ou les pays baignés par la mer ont presque toujours un climat plus doux que ceux qui sont situés dans l'intérieur des continents.

Les végétaux et les animaux. — Peu de végétaux ou d'animaux vivent sous tous les climats : l'homme seul est répandu sur toute la surface du globe.

Les plantes des pays chauds, le café, le cacao, s'étiolent même dans nos serres; le froment ne réussit que dans les régions tempérées; le sapin et le bouleau s'élèvent, au contraire, sur le flanc des montagnes jusqu'à la limite des neiges éternelles, et résistent aux hivers des pays du Nord; le lion, le tigre, la girafe, l'autruche, l'éléphant, animaux des pays chauds, ne pourraient vivre à l'état de liberté dans les contrées septentrionales, tandis que le renne et l'ours blanc, originaires des régions glaciales, languissent dans un climat tempéré.

VI

Divisions générales des terres. — Les terres n'occupent qu'environ un quart de la superficie du globe.

On distingue deux grands continents : l'*ancien*, qui comprend trois parties : l'*Europe*, l'*Asie*, et l'*Afrique*; le *nouveau*, ainsi appelé parce qu'il n'a été connu des Européens qu'il y a environ 400 ans, et qui en comprend une seule, l'*Amérique* (1).

Une cinquième partie du monde, l'*Océanie,* est composée du continent de l'*Australie* et de nombreux groupes d'îles disséminés entre l'Amérique et l'Asie.

Les races humaines. — Les principales races humaines sont : la *race blanche* (Europe, Asie occidentale et méridionale, Afrique septentrionale et pays peuplés par les

---

(1) L'Amérique a reçu le nom d'un des premiers voyageurs qui l'aient explorée, Améric Vespuce; mais le premier qui y ait abordé, au xve siècle après Jésus-Christ (1492), est Christophe Colomb.

PLANISPHÈRE
Grandes Divisions des Mers et des Terres
(Races principales, Zônes)

Carte II.

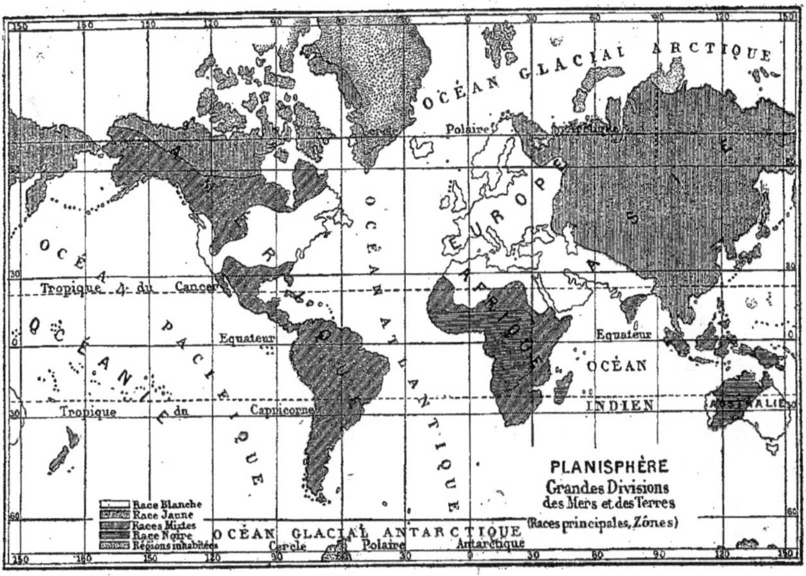

GÉOGRAPHIE PHYSIQUE.

Race Blanche
Race Jaune
Races Mixtes
Race Noire
Régions inhabitées

Européens en Amérique et en Océanie); la *race jaune* (Asie orientale et septentrionale); la *race noire* (Afrique et Océanie).

La population du globe est évaluée à 1,400 ou 1,450 millions d'habitants.

Divisions générales des mers. — On divise l'Océan en cinq parties :

1° L'*océan Atlantique* (1), entre l'Europe et l'Afrique à l'est, et l'Amérique à l'ouest;

2° L'*océan Pacifique* ou *Grand Océan*, entre l'Amérique à l'est, et l'Asie à l'ouest;

3° L'*océan Indien* (2), entre l'Océanie à l'est, l'Asie au nord, et l'Afrique à l'ouest;

4° L'*océan Glacial* (3) *arctique*, au nord de l'Europe, de l'Asie et de l'Amérique;

5° L'*océan Glacial antarctique*, au sud de l'Amérique, de l'Afrique et de l'Océanie. (Voir la carte, p. 7.)

VII

Géographie politique.

La géographie politique a pour but de faire connaître : 1° les différents groupes d'hommes qui portent, lorsqu'ils sont peu civilisés, souvent même *nomades*, c'est-à-dire *errants* et sans demeures fixes, le nom de *peuplades* ou de *tribus* : lorsqu'ils jouissent d'une civilisation plus avancée, qu'ils vivent sur un territoire déterminé, et qu'ils sont rapprochés par la communauté d'origine, de langue et surtout de mœurs, d'intérêts et d'institutions, le nom de *peuples* ou de *nations*; 2° les divisions créées sur la surface du globe par la volonté de l'homme, et qui portent le nom d'*Etats* (espaces déterminés où vivent sous un gouvernement commun des hommes civilisés), de *provinces, cercles, départements*, etc... (subdivisions d'un Etat); 3° les groupes d'habitations construites par l'homme et qu'on appelle, suivant leur impor-

---

(1) L'océan Atlantique a été ainsi nommé d'une chaîne de montagnes de l'Afrique, le mont Atlas.

(2) L'océan Indien doit son nom aux Indes, vaste contrée située au sud de l'Asie.

(3) On appelle ces mers glaciales parce qu'elles sont en partie couvertes de glaces fixes ou flottantes.

tance, *villes, bourgs, villages*. La ville où réside le gouvernement d'un État et qui en est ordinairement la plus importante se nomme la *capitale*; la ville où réside la principale autorité d'un département, d'un cercle, etc., s'appelle le *chef-lieu*.

4° La géographie politique comporte, en outre, des notions sur les gouvernements, les langues, les mœurs et les religions des divers groupes d'hommes.

Toutes les religions peuvent se ramener à deux grandes classes, celles qui admettent un seul Dieu et celles qui en admettent plusieurs.

Les religions qui n'admettent qu'un seul Dieu sont :

1° Le CHRISTIANISME, qui se subdivise en *catholicisme*, — *Eglise grecque schismatique*, ainsi nommée parce qu'elle s'est séparée du catholicisme et ne reconnaît pas l'autorité du pape, — et *protestantisme*, fondé au xvi° siècle après Jésus-Christ par *Luther* et *Calvin*.

L'Europe et l'Amérique presque tout entières sont chrétiennes.

2° Le JUDAÏSME, encore professé par les Juifs répandus dans toutes les parties du monde.

3° Le MAHOMÉTISME, ainsi nommé de son fondateur, Mahomet, et dominant dans l'Asie occidentale et centrale et l'Afrique septentrionale.

Les religions qui admettent plusieurs dieux sont :

1° Le FÉTICHISME, la plus grossière de toutes les religions, qui consiste dans l'adoration de toutes sortes de choses animées ou inanimées, utiles ou nuisibles, et douées, aux yeux de leurs adorateurs, d'une puissance mystérieuse. Ces divinités se nomment des *fétiches*. Un certain nombre des populations nègres de l'Afrique et des peuplades de l'Océanie sont fétichistes.

2° Le BRAHMANISME, qui doit son nom à son principal dieu, *Brahma*, et qui est pratiqué dans l'Asie méridionale.

3° Le BOUDDHISME, dominant dans l'Asie orientale et ainsi nommé parce que ses sectateurs attribuent l'origine de leur religion à un être divin, qu'ils appellent *Bouddha*.

La géographie *agricole, industrielle et commerciale,* qui se rattache à la fois à la géographie physique et à la géographie politique, a pour but de faire connaître les produits de l'*agriculture* et de l'*industrie*, d'indiquer la nature des échanges qui constituent le *commerce*, et de décrire les voies de communication, *routes, chemins de fer, lignes de navigation, canaux* (1), *lignes télégraphiques.*

VIII

Grandes divisions de l'Europe.

La partie du monde que nous habitons, l'Europe, est la plus petite (10 millions de kilomètres carrés) et la plus peuplée du globe (345 millions d'habitants) par rapport à son étendue. On peut la diviser en cinq régions, qui renferment 20 Etats ou groupes d'Etats.

1° Dans la région de l'OUEST et du NORD-OUEST : la *France*; le *Royaume-Uni de Grande-Bretagne et d'Irlande* ou *Iles Britanniques*, capitale *Londres*; la *Belgique*, capitale *Bruxelles*; et les *Pays-Bas* ou *Hollande*, capitale *La Haye.*

2° Dans la région CENTRALE : l'*Empire d'Allemagne*, capitale *Berlin*; la *Suisse*, capitale *Berne*; et l'Empire *Austro-Hongrois*, capitale *Vienne*.

3° Dans la région MÉRIDIONALE : l'*Espagne*, capitale *Madrid*; le *Portugal*, capitale *Lisbonne*; l'*Italie*, capitale *Rome*; la *Turquie d'Europe*, capitale *Constantinople*; la *Bulgarie*; la *Roumanie*, capitale *Bukharest*; la *Serbie*; le *Monténégro*; la *Grèce*, capitale *Athènes.*

4° La région de l'EST et du NORD-EST ne comprend qu'un Etat : la *Russie*, capitale *Saint-Pétersbourg.*

5° La région SEPTENTRIONALE comprend trois Etats : le *Danemark*, capitale *Copenhague*; la *Suède*, capitale *Stockholm*; et la *Norvège*, capitale *Christiania* (*Péninsule scandinave*).

Signes qui représentent dans les cartes les principaux termes de la géographie politique.

+-+-+-+-+-+-+-+-+-+-+ } Frontière d'un Etat, d'une
.... }   province, etc.
⊚   ⊚   Capitale ou chef-lieu.
o   o   Ville, village.

---

(1) Un canal est une sorte de rivière artificielle qui fait communiquer deux cours d'eau ou deux mers soit par une simple tranchée, soit par des écluses qui forment comme les marches d'un escalier et permettent aux bateaux de s'élever et de redescendre sur des pentes trop hautes pour être franchies à ciel ouvert et trop étendues pour être percées par un souterrain.

EUROPE
Géographie politique

PREMIÈRE PARTIE

Description physique de la France.

CHAPITRE I

BORNES. SUPERFICIE. LES RIVAGES ET LES MERS.

I

Bornes. Superficie. Dimensions.

Bornes. — La France est bornée au **nord-ouest** par la *mer du Nord* et la *Manche*, qui la séparent de la Grande-Bretagne ; à l'**ouest** par l'*océan Atlantique* ; au **sud** par la chaîne des *Pyrénées* qui la sépare de l'Espagne, et par une grande mer intérieure que forme l'océan Atlantique, la *mer Méditerranée* ; à l'**est** par la chaîne des *Alpes*, le lac de *Genève*, la chaîne du *Jura* et celle des *Vosges*, qui forment la limite du côté de l'Italie, de la Suisse et de l'Allemagne ; au **nord-est** et au **nord** par une limite convenue qui sépare notre pays de l'*Allemagne*, du *Grand-Duché de Luxembourg* et de la *Belgique*.

Elle comprend, en outre, quelques petites îles disséminées sur le littoral, et une grande île, la *Corse*, située dans la Méditerranée, à 160 kilomètres au sud des côtes françaises.

Superficie. Dimensions. — La superficie de la France est d'environ 528,000 kilomètres carrés ou 52,800,000 hectares, représentant à peu près la millième partie de la superficie du globe, la deux cent cinquantième de celle des terres, et la dix-neuvième de celle de l'Europe (1).

Sa plus grande longueur, du sud au nord, est de 1,000 kilomètres (250 lieues kilométriques) : sa plus grande largeur, de l'est à l'ouest, d'environ 960 kilomètres.

---

(1) Avant les traités de 1871, la superficie de la France était de 543,000 kilomètres carrés.

Avantages de sa situation. — La situation géographique de la France au point de vue du climat et des intérêts commerciaux, est peut-être sans rivale dans le monde. Baignée d'un côté par l'Atlantique, de l'autre par la Méditerranée, située au milieu des contrées les plus industrieuses, des plus riches pays de l'Europe : Grande-Bretagne, Belgique, Allemagne, Suisse, Espagne, Italie, elle doit à cette position des communications faciles et rapides, un climat tempéré et des productions variées, puisqu'elle touche à la fois aux régions du Nord et à celles du Midi; mais en même temps l'étendue de ses frontières continentales l'expose à des rivalités et à des invasions qui, plus d'une fois, lui ont fait expier sa grandeur et son influence dans les affaires de l'Europe.

Anciennes divisions. Gouvernements de provinces. — Jusqu'en 1790, la France était divisée en gouvernements qui comprenaient une ou plusieurs provinces, et dont les noms, dépourvus aujourd'hui de toute signification politique, se sont cependant maintenus et servent à désigner des régions plus vastes en général que nos départements actuels, telles que la Normandie, la Bretagne, etc.

Divisions actuelles. Départements. — En 1790, l'Assemblée nationale constituante, pour donner plus d'unité au territoire et à l'administration, et pour effacer les rivalités provinciales, divisa la France en départements, qui tirent en général leur nom : sur les côtes, des accidents de la géographie physique du littoral; dans l'intérieur, des montagnes, des fleuves et de leurs affluents.

Limites maritimes. Description du littoral. Manche.

I. **Limites du nord-ouest. Mer du Nord. Manche.** — De la frontière de Belgique à la *pointe Saint-Mathieu*, où se termine la Manche, les côtes se dirigent du nord-est au sud-ouest.

La mer du Nord ne baigne le littoral français que sur une étendue de quelques kilomètres.

Depuis la ville de *Calais* jusqu'à celle de *Boulogne*, la côte est baignée par un étroit bras de mer, le pas de Calais, qui sépare la France de l'Angleterre (partie la plus méridionale de la Grande-Bretagne), et qui n'a nulle part plus de 50 mètres de profondeur. Bordée de bancs de sable et de dunes (1) depuis le cap *Grisnez*, sur le pas de Calais, jusqu'à la baie où se jette la *Somme*, elle n'offre que des rades peu profondes et mal abritées.

Fig. I. — Falaises d'Etretat (Seine-Inférieure).

De l'embouchure de la *Somme* à la pointe de la *Héve*, près de l'embouchure de la *Seine*, s'élèvent des falaises, murailles de craie taillées presque à pic et rongées par la mer.

De la baie de Seine à la baie du *Mont-Saint-Michel*, entre lesquelles s'allonge la presqu'île rocheuse du *Cotentin* terminée par le *cap de la Hague*, s'étendent des plages, tantôt sablonneuses, tantôt couvertes de galets, cailloux roulés et polis par les vagues, et bordées dans le Calvados d'une ceinture d'écueils à fleur d'eau (2). Sur la côte occidentale du Cotentin se creuse en demi-cercle une baie couverte de sables mouvants au milieu desquels s'élève un rocher gigantesque dominé par une

(1) On appelle ainsi des collines de sable amoncelées par les vagues et par les vents, d'une très-grande mobilité et qui tendent à avancer vers l'intérieur des terres.
(2) Les rochers du Calvados doivent leur nom à un vaisseau espagnol, le *Salvador*, qui s'y brisa, il y a un peu moins de 300 ans.

forteresse et une antique abbaye. C'est le mont *Saint-Michel*, la terreur des Anglais pendant les guerres du moyen âge.

Du golfe du *Mont-Saint-Michel* à la *pointe Saint-Mathieu*, le littoral, découpé par des baies nombreuses, dont la plus importante est celle de *Saint-Brieuc*, est semé de rochers, d'îles et d'îlots granitiques (îles d'*Aurigny*, de *Guernesey*, de *Jersey*, appartenant à la Grande-Bretagne).

II

Atlantique et Méditerranée.

II. Limites de l'ouest. Atlantique. — L'Atlantique et le golfe de Gascogne baignent la France depuis la pointe Saint-Mathieu jusqu'à l'embouchure de la *Bidassoa*.

De la pointe *Saint-Mathieu* à l'embouchure de la *Loire*, s'avance la presqu'île de *Bretagne*, terre de granit, avec ses rochers battus par une mer toujours agitée, ses nombreuses saillies, la presqu'île de *Crozon*, la pointe du *Raz*, la pointe de *Penmarch* (la Tête du cheval), la presqu'île de [*Quiberon*; ses échancrures profondes, la baie de *Brest*, les baies de *Douarnenez* et d'*Audierne*, le golfe du *Morbihan*; ses îles sauvages, *Ouessant*, l'île de *Sein*, *Groix*, *Belle-Ile*.

De l'embouchure de la Loire à celle de la *Gironde* s'étend une plage basse, sablonneuse, couverte de marais salants (1), semée de grandes îles, telles que celles de *Noirmoutier*, d'*Yeu*, de *Ré*, d'*Oléron*, séparées du continent par des passes étroites, qui n'ont souvent que quelques mètres de profondeur.

De la pointe de *Grave* (embouchure de la Gironde, rive gauche) à l'embouchure de l'*Adour*, court presque en ligne droite vers le sud une côte, inhospitalière, sans ports, sans autre échancrure que le bassin vaseux d'*Arcachon*, couverte d'étangs que forment les eaux arrêtées par les dunes, et d'une longue chaîne de monticules sablonneux qui, poussés par les vents du *golfe de Gascogne*, auraient fini par engloutir le département des Landes et une partie de celui de la Gironde, si des plantations de pins maritimes ne les avaient fixés et n'avaient arrêté leur marche envahissante.

(1) Les marais salants sont des bassins séparés en compartiments par des levées de terre glaise. On y introduit l'eau de mer qu'on laisse s'évaporer et qui dépose une couche de sel qu'on purifie ensuite par divers procédés avant de le livrer à la consommation.

Les départements du littoral sont :

1° Sur la mer du Nord et la pas de Calais, le *Nord* avec le port de *Dunkerque*, et le *Pas-de-Calais* avec les ports de *Calais* et de *Boulogne*.

Mer.   Fig. II. — Coupe d'une dune.   Lac.

2° Sur la Manche, la *Somme*, la *Seine-Inférieure*, avec les ports de *Dieppe*, du *Havre* à l'embouchure de la Seine le second de nos ports de commerce, et de *Rouen* sur la Seine, l'*Eure*, le *Calvados* (principaux ports *Honfleur*, à l'embouchure de la Seine, et *Caen* sur l'Orne), la *Manche*, avec le port militaire de *Cherbourg*, et le port de *Granville*, un des plus importants pour la pêche; l'*Ille-et-Vilaine*, avec le port de *Saint-Malo*, à l'embouchure de la Rance, les *Côtes-du-Nord*, le *Finistère*.

3° Sur l'Atlantique, le *Finistère*, avec le port militaire de

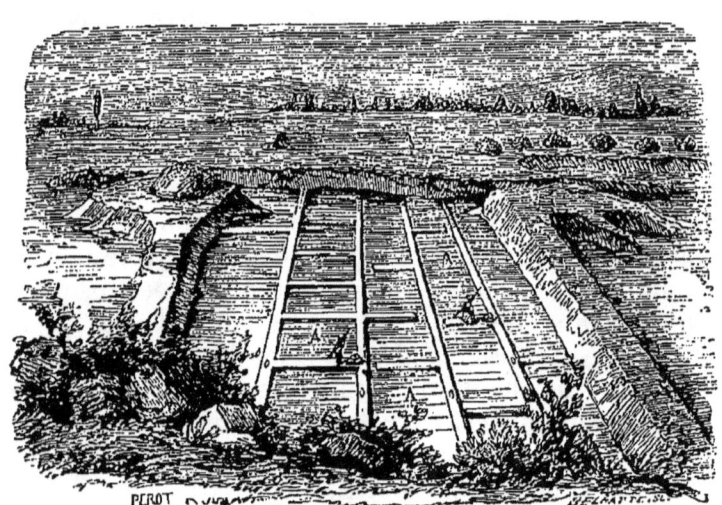

Fig. III. — Marais salants.

Brest, le *Morbihan*, avec le port militaire de *Lorient*, la *Loire-Inférieure*, avec les ports de *Saint-Nazaire*, à l'embouchure de la Loire et de *Nantes* sur la Loire, la *Vendée*, la *Charente-Inférieure*, avec le port de commerce *de la Rochelle* et le port militaire de *Rochefort*, sur la Charente, la *Gironde*, avec le port de *Bordeaux*, sur la Garonne, les *Landes* et les *Basses-Pyrénées*, avec le port de *Bayonne* sur l'Adour.

III. **Limites du sud-est. Méditerranée.** — La Méditerranée baigne la France sur une étendue de près de 700 kilomètres, du cap *Cerbéra*, pointe extrême des Pyrénées orientales, à l'embouchure de la *Roya*. Les côtes du *golfe du Lion*, escarpées et sauvages, au sud, s'abaissent rapidement et se creusent en un vaste demi-cercle bordé de plages sablonneuses, de marais salants, de lagunes (1) et d'étangs, tels que ceux de *Sigean*, de *Thau* et d'*Aigues-Mortes*.

Le littoral se relève au delà de l'embouchure du *Rhône* et de l'étang de *Berre* ; de profondes découpures, telles que la rade de *Marseille*, celle de *Toulon*, les golfes de *Saint-Tropez* et de *Cannes*, des pentes abruptes, des îles granitiques (îles d'*Hyères* et de *Lérins*) annoncent le voisinage des Alpes qui plongent jusque dans la Méditerranée.

La Corse terminée au nord par le cap *Corse* et séparée de la grande île de Sardaigne qui appartient à l'Italie par un détroit hérissé d'écueils, celui de *Bonifacio*, est une île montagneuse dont les côtes, escarpées au nord et au sud, sont moins accidentées et souvent marécageuses à l'est et à l'ouest. Les deux principaux ports sont *Bastia* au nord-est et *Ajaccio* à l'ouest.

Les départements du littoral sont, de l'ouest à l'est : les *Pyrénées-Orientales*, avec le port de *Port-Vendres*, l'*Aude*, l'*Hérault* avec le port de *Cette*, le *Gard*, les *Bouches-du-Rhône*, avec le port de *Marseille*, le premier de nos ports de commerce, le *Var* avec le port militaire de *Toulon*, et les *Alpes-Maritimes*, avec le port de *Nice*.

RÉSUMÉ

PREMIÈRE LEÇON

Bornes. — La France est bornée au *nord-ouest* par la mer du Nord et la Manche qui la séparent de la Grande-Bretagne,

(1) On appelle lagune une sorte d'étang ou de marécage communiquant le plus souvent avec la mer.

à l'*ouest*, par l'Atlantique, au *sud* par les Pyrénées qui la séparent de l'Espagne et par la Méditerranée, à l'*est* par les Alpes qui la séparent de l'Italie, le lac de Genève et le Jura qui la séparent de la Suisse, au *nord-est* et au *nord* par les Vosges, l'empire d'Allemagne, le grand-duché de Luxembourg et la Belgique.

Superficie. — La superficie est de 528,000 kilomètres carrés depuis les traités de 1871, elle était de 543,000 kilomètres carrés avant 1871.

Les limites maritimes du nord-ouest sont la mer du Nord, le pas de Calais et la mer de la Manche.

Golfes et baies. — Il faut citer le golfe du Calvados ou baie de la Seine, la baie du Mont Saint-Michel, et la baie de Saint-Brieuc.

Caps et presqu'îles. — Les plus remarquables sont la presqu'île du Cotentin, le cap Grisnez, la pointe de la Hève et le cap de la Hague.

Iles. — Les plus connues sont Jersey, Guernesey, Aurigny (à la Grande-Bretagne).

Départements du littoral. — Nord, Pas-de-Calais, Somme (dunes et plages sablonneuses), Seine-Inférieure (falaises). Eure, Calvados, Manche (falaises et plages bordées d'écueils), Ille-et-Vilaine, Côtes-du-Nord, Finistère (rochers).

Ports de commerce. — *Dunkerque* (Nord), *Calais* et *Boulogne* (Pas-de-Calais); *Dieppe*, *Le Havre* et *Rouen* (Seine-Inférieure), *Honfleur* et *Caen* (Calvados), *Granville* (Manche), *Saint-Malo* (Ille-et-Vilaine).

Port militaire. — *Cherbourg* (Manche).

DEUXIÈME LEÇON.

Limites maritimes de l'ouest. — Océan Atlantique.

Golfes et baies. — Les plus importants sont la baie de Brest, les baies de Douarnenez et d'Audierne, le golfe du Morbihan, le golfe de Gascogne, le bassin d'Arcachon.

Caps et presqu'îles. — Il faut citer les pointes Saint-Mathieu, du Raz, de Penmarch, la presqu'île de Quiberon, en Bretagne ; la pointe de Grave.

Iles. — Les îles d'Ouessant, Belle-Ile, Noirmoutier, les îles d'Yeu, de Ré, d'Oleron.

Départements du littoral. — Finistère, Morbihan (rochers), Loire-Inférieure, Vendée, Charente-Inférieure (plages basses,

marais salants), Gironde, Landes (dunes), Basses-Pyrénées (rochers).

Ports de commerce. — *Saint-Nazaire* et *Nantes* (Loire-Inférieure), *La Rochelle* (Charente-Inférieure), *Bordeaux* (Gironde), et *Bayonne* (Basses-Pyrénées).

Ports militaires. — *Brest* (Finistère), *Lorient* (Morbihan), et *Rochefort* (Charente-Inférieure).

Limites maritimes du sud-est. — Mer Méditerranée.

Golfes et lagunes. — On doit nommer le golfe du Lion, le golfe de Saint-Tropez, la rade de Toulon, les étangs de Sigean, de Thau, de Berre.

Iles. — Les îles d'Hyères, de Lérins et la Corse.

Départements du littoral. — Pyrénées-Orientales, Aude, Hérault, Gard (plages sablonneuses et lagunes), Bouches-du-Rhône, Var, Alpes-Maritimes (côtes rocheuses et découpées).

Ports de commerce. — *Port-Vendres* (Pyrénées-Orientales), *Cette* (Hérault), *Marseille*, notre premier port de commerce (Bouches-du-Rhône), *Nice* (Alpes-Maritimes), *Bastia* (Corse.)

Port de guerre. — *Toulon* (Var).

Questionnaire (1)

CHAPITRE I. — A quelle partie du monde appartient la France ? — Quelles sont ses bornes ? — Quels sont les pays limitrophes de la France ? — Quelle est sa superficie et sa forme ? — Quelle est la plus grande longueur de la France du sud au nord ? — Quels sont les avantages de la situation de la France ? — Quel est le climat de la France ? — Cette situation n'a-t-elle pas aussi des inconvénients ? — Quelles sont aujourd'hui les divisions politiques de la France ? — Comment la divisait-on avant 1789 ? — Quelle était la superficie de la France avant 1871 ? — Quelles sont au nord-ouest et à l'ouest les limites de la France ? — Indiquer les golfes, baies, îles, presqu'îles, caps de la Manche et de l'Atlantique. — Le détroit du pas de Calais est-il très profond ? — Quel est l'aspect du littoral de la Manche, — de l'Atlantique ? — Qu'est-ce que des dunes ? — Comment peut-on les arrêter ? — Qu'entend-on par falaises ? — Qu'est-ce qu'un marais salant ? — N'y a-t-il des marais salants que sur les côtes de l'Atlantique ? — Décrire le littoral de la Méditerranée. — Qu'est-ce que des lagunes ? — Indiquer les départements du littoral, les principaux ports de commerce et les ports militaires.

(1) On devra, toutes les fois que l'occasion s'en présentera, faire répéter aux enfants les définitions des principaux termes géographiques pour s'assurer qu'ils les ont comprises et retenues.

Exercices.

Tracer au tableau d'après un canevas, et avec une carte murale sous les yeux, le contour de la France ou une partie de ce contour à une échelle plus petite que celle de la carte.

Essayer le même tracé de mémoire sur le papier.

Écrire sur une carte muette les noms des principaux caps, golfes, îles, presqu'îles, etc.

CHAPITRE II

LIMITES CONTINENTALES.

I

Limites du sud. Pyrénées. — Les Pyrénées, qui séparent la France de l'Espagne et dont la crête forme presque partout la limite des deux pays, commencent, dans leur partie française, à la source de la *Bidassoa*, et finissent au cap *Cerbéra* sur la Méditerranée.

Bien que les Pyrénées soient percées de nombreux passages, dont quatre ou cinq praticables aux voitures (col de *Maya*, val de *Roncevaux*, dans les Pyrénées occidentales, cols de la *Perche*, de *Pertus*, dans les Pyrénées orientales), elles forment une frontière à peu près infranchissable, sauf aux deux extrémités de la chaîne qui sont coupées par de bonnes routes et par deux lignes de chemins de fer et que défendent les places fortes de *Bayonne* à l'ouest et de *Perpignan* à l'est. A peu de distance du golfe de Gascogne, la chaîne principale des Pyrénées s'éloigne de la frontière qui n'est plus protégée que par la petite rivière de la *Bidassoa*.

Départements frontières de l'ouest à l'est : Basses-Pyrénées (Bayonne), Hautes-Pyrénées, Haute-Garonne, Ariège, Pyrénées-Orientales (Perpignan).

Limites du sud-est. Les Alpes (1). — Des sources de la Roya au lac de Genève la frontière du sud-est est formée par les Alpes qui séparent la France de l'Italie et de la Suisse méridionale.

---

(1) Ce nom signifiait dans la langue que parlaient les Gaulois, nos ancêtres, une montagne couverte de pâturages.

La chaîne principale des Alpes, dans sa partie française, comprend trois divisions :

1° Des sources de la Roya au mont *Viso*, les **Alpes Maritimes**, la partie la moins élevée des Alpes françaises traversées par deux routes praticables en été, qui franchissent l'une le col de *Tende*, l'autre celui de *Larche*.

2° Du mont Viso, au mont *Cenis*, les **Alpes Cottiennes**. Les principaux passages sont le col du mont *Genèvre* et celui du mont *Cenis*, traversé par une route excellente. Entre le mont Cenis et le mont Thabor, un chemin de fer perce les Alpes par un tunnel de 13 kilomètres.

3° Du mont Cenis au mont *Blanc*, les **Alpes Grées** dont le col le plus fréquenté est celui du *petit Saint-Bernard*.

Les principales places fortes de la frontière du sud-est sont *Embrun* et *Briançon* (département des Hautes-Alpes) qui défendent la vallée de la Durance et la route du mont Genèvre, et *Grenoble* (département de l'Isère) qui défend la vallée de l'Isère.

Les départements qui forment la frontière sur toute la ligne des Alpes, sont, du sud au nord, les *Alpes-Maritimes*, les *Basses-Alpes*, les *Hautes-Alpes*, la *Savoie*, et la *Haute-Savoie*.

II

Limites de l'est. Le Jura. — Du mont *Blanc* au lac de *Genève*, la France est séparée de la Suisse par un rameau de la grande chaîne des Alpes. Du lac de Genève aux Vosges, la frontière, après avoir longé la rive méridionale du lac de l'est à l'ouest, se redresse, coupe le cours du Rhône, et se dirige vers le nord avec la chaîne du Jura qui s'élève entre la France et la Suisse.

Cette chaîne dont les plus hauts sommets n'atteignent pas 1730 mètres, est franchie par plusieurs bonnes routes (col des *Rousses*, col des *Verrières*) et par plusieurs lignes de chemins de fer.

Les départements qui bordent le Jura sont, du sud au nord, l'*Ain*, le *Jura*, le *Doubs*.

Les Vosges. — Dans sa partie septentrionale, le Jura s'éloigne de la frontière et ne se rattache aux Vosges que par des collines ou des terrains peu accidentés, et d'un abord facile et que l'on a nommés la trouée de *Belfort*.

A partir de ce point, la frontière, qui suivait le cours du Rhin avant les traités de 1871, longe aujourd'hui la chaîne *des Vosges* qui sépare de l'Alsace, arrachée à la France par les Allemands, le territoire de *Belfort* (partie de l'ancien département du *Haut-Rhin*), et le département des *Vosges*. La partie la plus élevée des Vosges est celle qui forme la frontière française et qui s'étend du *Ballon d'Alsace* (1,250 m.) au mont *Donon*. Les principaux cols sont dans cette partie de la chaîne ceux de *Bussang*, de *Sainte-Marie aux Mines* et de *Schirmeck*.

Au delà du mont Donon, les Vosges s'abaissent jusqu'à une hauteur moyenne de 400 mètres, les passages se multiplient, et la chaîne continue de courir vers le nord, tandis que la frontière s'en éloigne et incline vers le nord-ouest.

Défenses de la frontière. Les places fortes.
— La frontière de l'est, difficilement accessible par les défilés des Alpes, est moins bien défendue du côté du Jura, où elle ne suit pas toujours la ligne de faîte, et complètement ouverte entre le Jura et les Vosges par la trouée de Belfort. De petites forteresses commandent les principaux passages et servent de postes avancés aux deux grandes places de *Besançon* (Doubs) et de *Belfort*, appuyées en seconde ligne par le vaste camp retranché de *Lyon* (Rhône) et les belles positions d'*Epinal* (Vosges) et de *Langres* (Haute-Marne), mais la perte de *Strasbourg* qui défendait autrefois le passage du Rhin, et celle des principales routes des Vosges a livré à l'Allemagne les clefs de notre frontière du nord-est : c'est une menace perpétuelle pour la sécurité du pays.

Limites du nord-est et du nord. — Sur la frontière du nord-ouest, de l'ouest, du sud et de l'est, la France est presque partout limitée par des mers, des montagnes ou des fleuves : c'est ce qu'on appelle limites **physiques** ou **naturelles**, c'est-à-dire tracées par les accidents du sol et par la main de la nature : au contraire, la frontière du nord-est et celle du nord, sur un développement d'environ 750 kilomètres, coupe les cours d'eau (*Moselle, Meuse, Escaut*) et les montagnes (*Ardennes*) au lieu de les suivre : les contours sont déterminés non par la nature mais par des conventions et des traités conclus avec les États voisins : c'est une limite **politique** ou **conventionnelle**, car les limites naturelles de la France suivraient le cours du *Rhin* et de la *Meuse* jusqu'à leur commune embouchure dans la mer du Nord.

Les Etats limitrophes sont, de l'est à l'ouest, l'**Allemagne** (département de Meurthe-et-Moselle), le **grand-duché de Luxembourg** (Meurthe-et-Moselle) et le royaume de **Belgique** (départements de Meurthe-et-Moselle, de la Meuse, des Ardennes, de l'Aisne et du Nord).

Ouverte de toutes parts, surtout depuis les traités de 1871 qui nous ont enlevé une partie de la Lorraine en même temps que l'Alsace, cette frontière n'est protégée que par des défenses artificielles : du côté du nord-est, les places de *Verdun* (Meuse), de *Toul* (Meurthe-et-Moselle), qui ne remplacent pas nos grandes forteresses de *Thionville* et de *Metz* retournées contre nous par l'Allemagne; du côté du Nord celles de *Mézières* (Ardennes), de *Maubeuge*, de *Valenciennes*, de *Lille*, de *Dunkerque* (Nord), et en seconde ligne, celles de *Reims* (Marne), de *Laon* (Aisne) et de *La Fère* (Aisne), qui couvrent les routes de *Paris*, devenu lui-même une grande citadelle.

RÉSUMÉ.

TROISIÈME LEÇON.

LIMITES DU SUD. — Entre l'Espagne et la France se dressent les *Pyrénées*, dont les principaux passages sont, à l'ouest le col de *Roncevaux*, à l'est, ceux de la *Perche* et de *Pertus*.

Départements frontières. — Basses-Pyrénées, Hautes-Pyrénées, Haute-Garonne, Ariège, Pyrénées-Orientales. *Places fortes* : Bayonne, Perpignan.

LIMITES DU SUD-EST. — Entre la France et l'Italie s'élèvent les *Alpes occidentales*. Elles se divisent en trois sections :

Alpes maritimes, jusqu'au mont Viso (cols de Tende et de Larche);

Alpes Cottiennes, du mont Viso au mont Cenis (cols du mont Genèvre et du mont Cenis; tunnel du chemin de fer d'Italie);

Alpes Grées, du mont Cenis au mont Blanc (col du Petit Saint-Bernard).

Départements frontières de l'Italie. — Alpes-Maritimes, Basses-Alpes, Hautes-Alpes, Savoie, Haute-Savoie. *Places fortes* : Briançon, Grenoble.

QUATRIÈME LEÇON.

Limites de l'est. — 1° Entre la France et la Suisse s'étendent le *lac de Genève*, et le *Jura* (cols des Rousses et des Verrières) jusqu'à la trouée de Belfort.

Départements frontières de la Suisse. — Haute-Savoie, Ain, Jura, Doubs. *Places fortes* : Besançon, Lyon.

2° Entre la France et l'Allemagne, depuis que nous avons perdu par les traités de 1871 la limite du Rhin et l'Alsace, (*Strasbourg*), *les Vosges* (cols de Bussang, de Sainte-Marie aux Mines et de Schirmeck) forment la frontière du ballon d'Alsace au mont Donon (arrondissement de Belfort et département des Vosges). *Places fortes* : Belfort, Epinal, Langres.

Limites du nord-est et du nord. — Une ligne conventionnelle sépare la France de l'*Allemagne* (département de Meurthe-et-Moselle), du *grand-duché de Luxembourg* (département de Meurthe-et-Moselle), et de la *Belgique* (départements de Meurthe-et-Moselle, de la Meuse, des Ardennes, de l'Aisne et du Nord). *Places fortes* : Toul, Verdun, Mézières, Valenciennes, Lille, Dunkerque, Reims, Paris. Les traités de 1871 nous ont enlevé, sur cette frontière, la grande place de *Metz* avec une partie de la Lorraine.

Questionnaire.

CHAPITRE II. — Quelles sont les limites du sud ? — Quelle est la direction générale des Pyrénées ? — Où commence et où finit la partie française des Pyrénées ? — Indiquer les cols les plus importants. — Quels sont les départements de la frontière du sud ? — Quelles sont les principales places fortes ? — Quelles sont les limites du sud-est et les pays limitrophes de la France ? — Quelles sont les parties françaises de la chaîne des Alpes ? — Indiquer les cols principaux. — Quels sont les départements qui touchent aux Alpes ? — Les Alpes et les Pyrénées sont-elles franchies par des lignes de chemins de fer ? — Quels sont les principaux cols du Jura ? — Quels sont les départements qui touchent au Jura ? — Où commence et où finit la partie française des Vosges ? — Quels sont les principaux cols ? — Quels sont les départements qui bordent les Vosges ? — Quelles sont les défenses de la frontière de l'est ? — Quelles sont les limites du nord-est et du nord ? — Indiquer les pays limitrophes de la France et les départements frontières. — Quelles seraient les frontières naturelles de la France ? Quelles sont les places fortes de la frontière du nord ? — Quelle était la frontière française avant 1871 ?

Exercices.

Indiquer sur une carte en relief les principaux passages des Pyrénées et des Alpes.

Tracer sur une carte physique muette la frontière française depuis le lac de Genève jusqu'à la mer du Nord en indiquant la situation des principales places fortes.

Tracer la frontière française du nord-est telle qu'elle était avant 1871.

CHAPITRE III

LE RELIEF DU SOL. MONTAGNES, PLATEAUX ET PLAINES.

I

Division de la France en pays de montagnes de plateaux et de plaines. Si on pouvait d'un coup d'œil embrasser toute la surface du territoire français, on verrait se dresser au sud et au sud-est deux larges massifs montagneux : les **Pyrénées** et les **Alpes** avec leurs sommets couverts de neiges éternelles.

A l'est on verrait se prolonger entre la France d'un côté, la Suisse et l'Allemagne de l'autre, deux massifs moins épais et moins élevés, celui du **Jura** et celui des **Vosges**, dont la pente occidentale se continue par un plateau élevé en moyenne de 300 à 400 mètres qui occupe tout le nord-est de la France et qu'on peut désigner sous le nom de *plateau de la Lorraine*.

Enfin au centre s'étend une vaste région élevée en moyenne de 600 à 800 mètres au-dessus du niveau de la mer, sillonnée par des chaînes de montagnes volcaniques, et dominée au sud-est et à l'est par une longue chaîne de montagnes, les **Cévennes** qui se rattachent aux Vosges par une série de plateaux ou de terrasses boisées. On a donné à cette région le nom de **Massif central français**.

Tout le reste de la France est une région de plaines, mais entre les plaines basses du nord et celles de l'ouest et du sud-ouest dont aucun point, sauf quelques collines, n'est à plus de 80 mètres au-dessus du niveau de la mer, s'avance comme une sorte de promontoire, une bande de terrains plus élevés (hauteur moyenne de 100 à 200 mètres) qui se prolongent depuis le plateau de la Lorraine jusqu'à l'extrémité de la presqu'île de Bretagne.

Pyrénées. — Les Pyrénées commencent dans leur partie française aux sources de la *Bidassoa* et finissent au cap *Cerbéra* sur la Méditerranée. Elles courent de l'ouest à l'est sur une longueur d'environ 360 kilomètres et une largeur moyenne de 90. Un petit nombre de pics sont couronnés de neiges éternelles ; les glaciers sont rares et d'une médiocre étendue, les lacs très-profonds et situés à une grande élévation ne sont que des étangs si on les compare à ceux des Alpes. Les pentes des Pyrénées sont rapides, leur masse imposante parce qu'elles s'élèvent brusquement au-dessus de la plaine ; mais le plus souvent leurs flancs sont nus ou couverts de maigres pâturages : les forêts sont clair-semées ; les bois de hêtres, de sapins, d'ifs et de pins ne couvrent dans le versant français qu'une superficie de 500,000 hectares, à peine le sixième de la surface qu'occupe le massif français des Pyrénées. Si les Pyrénées sont inférieures aux Alpes par la hauteur de leurs cimes, l'étendue de leurs glaciers, de leurs lacs et de leurs forêts, elles peuvent opposer aux sites les plus sublimes de la région alpestre, leurs *cirques,* enceintes circulaires dont les parois se dressent comme les gradins d'un gigantesque amphithéâtre couronné de cimes neigeuses, sillonné de cascades écumantes, et encombré de roches éboulées. Les plus célèbres de ces cirques sont ceux de *Gavarnie* et de *Troumouse.*

Les vallées principales que séparent des rameaux de la grande chaîne coupent le massif des Pyrénées dans le sens de sa largeur et forment dans la crête de la montagne de nombreuses échancrures, connues sous le nom de *cols* ou de *ports.*

Les Pyrénées franco-espagnoles se divisent en trois parties : 1° Des sources de la Bidassoa au cirque de *Troumouse,* les **Pyrénées-occidentales** ou Basses-Pyrénées dominées dans le versant espagnol par le mont *Perdu* (3,350 mètres), dans le versant français par le *Vignemale* (3,290 mètres), et par le *Pic du Midi* de *Bigorre,* d'où se détache un rameau septentrional, les monts du *Bigorre.* Elles sont traversées par les cols de *Roncevaux* (1) et de *Gavarnie.*

(1) C'est à Roncevaux que périt, suivant les légendes du moyen âge, Roland, le neveu de Charlemagne ; un des passages des Pyrénées porte le nom de *Brèche de Roland,* et la légende raconte qu'en deux coups de

2° Du cirque de *Troumouse* au pic de *Carlitte* (2,930 mètres) s'étendent les **Pyrénées centrales**, la partie la plus large, la plus haute et la plus abrupte de la chaîne, avec leurs sommets couverts de neiges éternelles, dont le principal est le *Néthou* (3,404 mètres) dans le massif de la *Maladetta* (mont Maudit), sur le revers espagnol, et leurs cols élevés de plus de 2,000 mètres (Port de *Vénasque*.)

3° Du pic de Carlitte à la pointe Cerbéra s'abaissent les **Pyrénées orientales**, d'où se détachent dans le versant septentrional les *Corbières* et le massif du *Canigou* (2,785 mètres). Elles sont traversées par les cols de la *Perche* et de *Pertus*.

II

Le Massif central français. Les monts d'Auvergne. — Au centre de la France, séparé des Pyrénées par les vallées où coulent la Garonne et l'Aude, s'élève un large massif sillonné d'innombrables cours d'eau, coupé de vallées profondes, couvert de prairies, de pâturages et de forêts de châtaigniers, et se dressant comme une île de granit au-dessus des plaines de la France centrale, occidentale et méridionale. C'est le massif central qui occupe le Limousin, l'Auvergne, la Marche et une partie de la Guienne et du Languedoc. Au-dessus de ce plateau qui leur sert pour ainsi dire de piédestal s'élèvent du sud au nord, les volcans éteints du *Vélay* et la chaîne boisée du *Forez*; du sud-est au nord-ouest, les montagnes volcaniques de l'*Auvergne*. Les monts d'Auvergne, dont les massifs les plus importants sont ceux du *Cantal* (Plomb (1) du Cantal, 1,855 mètres), et du mont *Dore* (*Puy de Sancy*, 1,886 mètres), se prolongent vers le nord par la chaîne des *Dômes*, avec ses soixante-quatre cratères dominés par le *Puy-de-Dôme* (1) (1,465 mètres), vers le nord-ouest par les monts du *Limousin*, plateaux couverts de bruyères et de pâturages.

La pente septentrionale du plateau central vient mourir dans les plaines arrosées par la Loire, sa pente occidentale dans celles qui s'étendent jusqu'à l'Océan Atlantique; mais au sud-est et à l'est la limite des hautes terres est dessinée

---

sa fameuse épée, *Durandal*, le héros ouvrit cette brèche large de 100 mètres.

(1) Les noms de *Plomb* et de *Puy* signifient *montagne*.

par une longue chaîne de montagnes, les *Cévennes* qui traversent une partie de la France.

Les Cévennes. — Les Cévennes méridionales (montagne *Noire*, monts de l'*Espinouse*, monts *Garrigues*) commencent au col de *Naurouse* qui les sépare des *Corbières*

Fig. IV. — Vue de la chaine des Puys (Auvergne).

et finissent aux monts *Lozère*. Ce sont des montagnes âpres et nues taillées en pentes abruptes du côté de la Méditerranée, mais qui se prolongent sur l'autre versant par des plateaux au sol aride et pierreux, couverts de maigres pâturages et qui portent le nom de *Causses* (1).

Des monts *Lozère* aux monts du Morvan court, du sud au nord, une chaîne que les géographes appellent souvent **Cévennes septentrionales**, mais que l'on désigne aussi sous le nom des pays qu'elle traverse, monts du *Vivarais*, du *Lyonnais*, du *Beaujolais*, du *Charolais*, du *Mâconnais*. Ce sont des montagnes dénudées et en partie volcaniques dont le sommet le plus élevé, le *Mézenc,* dans les monts du Vivarais, dépasse 1,750 mètres. Le *Gerbier-des-Joncs,* d'où descend la Loire, a 1 560 mètres.

Les Cévennes septentrionales se terminent par une région montagneuse, entrecoupée d'étangs et de vallées sauvages, couverte de forêts, le **Morvan,** qui forme l'extrémité nord-est du massif central.

(1) Ce nom vient d'un mot latin qui signifie de la *chaux*, ou de la pierre à chaux (en patois méridional *cau*).

Au nord, elles se prolongent jusqu'aux Vosges par la **Côte d'Or**, série de gradins en partie cultivés, en partie boisés ;

Le plateau de **Langres**, plaines cultivées et élevées de 350 à 500 mètres ;

Enfin les monts **Faucilles**, recourbés en demi-cercle et composés de terrasses boisées.

III

Les Vosges. — Long de 150 à 160 kilomètres, large de 30 à 50, le massif des Vosges contraste par ses sommets arrondis couverts de forêts de sapins, et dont les plus méridionaux portent le nom de *ballons*, avec les cimes dénudées des Pyrénées et les croupes monotones des Cévennes. Le versant oriental s'abaisse rapidement vers la vallée du Rhin, tandis que la pente occidentale se prolonge jusqu'à celle de la Meuse, par les plateaux boisés de la Lorraine. La partie la plus élevée des Vosges est, comme nous l'avons vu plus haut, celle qui forme la frontière française et qui s'étend du *ballon d'Alsace* (1,250 mètres) au mont *Donon*. Leurs plus hauts sommets sont le *Ballon* de *Guebwiller* en Alsace (1,426 mètres) et le Honeck (1,366 mètres).

Au delà du mont Donon, elles s'abaissent jusqu'à une hauteur moyenne de 400 mètres ; la pente devient plus douce, et les passages se multiplient. Le plus connu dans cette partie des Vosges est le col de *Saverne* que franchissent une route, un canal et un chemin de fer, celui de Paris à Strasbourg (capitale de l'Alsace).

Le Jura. — Entre les Vosges et le Jura, s'étendent des terrains peu élevés bien qu'assez accidentés ; on a appelé cette région trouée de *Belfort* parce qu'elle interrompt en effet la ceinture de montagnes qui défendent du côté de l'est la frontière française.

Le Jura se compose de plusieurs chaînes parallèles que séparent des vallées profondes et qui se courbent comme un arc dans la même direction que la grande chaîne des Alpes (du sud-ouest au nord-est). La chaîne orientale, qui renferme les sommets les plus élevés, offre l'aspect d'une longue muraille à peine dentelée qui s'abaisse à mesure qu'elle s'éloigne vers le nord, et dont le pied est baigné par les lacs de Genève et de Neuchâtel (Suisse). Du haut de cette crête escarpée le regard plonge, du côté de la France, sur des vallées où courent des torrents, où dorment des lacs aux eaux limpides, sur des plateaux couverts de pâturages et couronnés de bois de sapins, et sur des croupes arrondies dont les dernières ondulations viennent mourir dans les plaines marécageuses de la Bresse et les vallons de la Franche-Comté. Les plus hauts sommets du Jura, le *Crêt de la Neige*, le *Reculet*, la *Dôle*, n'atteignent pas 1,730 mètres.

Les Alpes. — La chaîne des Alpes, qui n'appartient à la France que dans sa partie occidentale, forme un immense demi-cercle, large en moyenne de plus de 150 kilomètres, et dont le développement dépasse 1,500 kilomètres. Très escarpées du côté de l'Italie, les Alpes se prolongent dans le versant français par un large massif coupé de vallées profondes, qui courent dans le même sens que la chaîne. Les sommets qui ont pour la plupart la forme de pyramides et d'aiguilles, et les plateaux, qui s'élèvent à plus de 2,500 mètres, sont couverts de neiges éternelles; les glaciers descendent plus bas, quelques-uns au-dessous de 2,000 mètres. A la limite des neiges s'étend une zone désolée, roches nues et sans verdure, terrains humides, couverts de mousse, et ravinés par les eaux. Ces hautes régions sont le domaine de l'aigle, du chamois et de la marmotte.

Un peu plus bas commencent les pâturages, puis les forêts de sapins, de mélèzes et de bouleaux, malheureusement éclaircies par des défrichements imprudents qui ont ruiné certains cantons de la Provence et du Dauphiné. La terre qui recouvre les rochers, n'étant plus retenue par les racines des arbres, disparaît peu à peu. Les pluies la délayent, les torrents l'emportent, et tandis que dans la montagne la roche nue et stérile remplace la forêt et le pâturage, dans la vallée, les eaux qui glissent sur le rocher, au lieu de pénétrer dans le sol, se précipitent avec une violence irrésistible, dévastent les cultures, et inondent au lieu d'arroser.

Les dernières pentes des Alpes sont cultivées ou semées de forêts de chênes, de hêtres et de châtaigniers. Rien n'égale la variété et la majesté du spectacle qu'offrent ces montagnes : « Ici un torrent se précipite du haut d'un rocher, » forme des nappes et des cascades qui se résolvent en » pluie...; là des avalanches (1) de neige s'élancent avec » une rapidité comparable à celle de la foudre, traversent

(1) On appelle *avalanches*, des masses de neiges et de glaces qui se détachent de la montagne et roulent sur ses flancs, en entraînant tout sur leur passage.

» et sillonnent les forêts en fauchant les plus grands arbres
» à fleur de terre avec un fracas plus terrible que celui
» du tonnerre ; plus loin de grands espaces, hérissés de
» glaces éternelles, donnent l'idée d'une mer subitement
» congelée dans l'instant même où les vents soulevaient
» les flots. Et à côté de ces glaces, au milieu de ces objets
» effrayants, des prairies riantes exhalent le parfum de
» mille fleurs aussi rares que belles et salutaires, et pré-
» sentent la douce image du printemps dans un climat for-
» tuné. » (De Saussure, *Voyage dans les Alpes*.)

Les Alpes, dont le point culminant est le mont *Blanc* (4,810 mètres), se divisent en trois grandes sections : *Alpes orientales*, *Alpes centrales* et *Alpes occidentales*. Cette der-

Fig. V. — Glacier des Bossons dans le massif du mont Blanc.

nière partie de la chaîne, dont le versant occidental appartient à la France et qui court du nord au sud, comprend elle-même trois divisions :

1° Des sources de la Roya (col de *Tende*) au mont *Viso* (3,836 mètres), les **Alpes maritimes**, la partie la moins élevée de la chaîne, d'où se détachent dans la direction du sud-ouest les *Alpes de Provence*, montagnes dénudées ou couvertes de chênes-liège, qui se prolongent sous différents noms jusqu'au littoral de la Méditerranée ;

2° Du mont Viso au mont *Cenis* (3,494 mètres), les **Alpes Cottiennes** (1) dont les principaux sommets sont le mont *Genèvre* et le mont *Thabor*. Les Alpes Cottiennes sont franchies par plusieurs routes dont la meilleure est celle du mont Cenis, et percées par un tunnel de 13 kilomètres par où passe le chemin de fer de Lyon à Turin (Italie). Du mont Thabor se détachent, vers le sud-ouest, les *Alpes du Dauphiné*, large massif dont les glaciers, les gorges sauvages, le ;pics escarpés (massif du *Pelvoux*, 4,103 mètres) le disputent à ceux de la grande chaîne, et qui vient se terminer aux bords du Rhône par les pentes boisées du mont *Ventoux*;

3° Du mont Cenis au mont *Blanc*, la plus haute montagne de l'Europe, les **Alpes Grées** (Rocheuses), coupées par le col du petit *Saint-Bernard*. Le mont Blanc, dont la cime domine à la fois la France, l'Italie et la Suisse, est un massif de glace et de granit, hérissé d'aiguilles et d'arêtes dentelées, taillé presque à pic du côté de l'Italie et se prolongeant du côté de la France par des pentes couvertes de glaciers (Mer de glace, etc.), qui occupent une superficie de 28,000 hectares.

Des Alpes Grées partent plusieurs chaînes qui couvrent toute la Savoie et une partie du Dauphiné et rattachent le massif des Alpes à celui du Jura dont il n'est séparé que par le fleuve du Rhône.

RÉSUMÉ.
CINQUIÈME LEÇON.

Relief du sol de la France. — Les régions des Pyrénées (sud), des Alpes, du Jura et des Vosges (sud-est et est), et le massif central français (Cévennes et monts d'Auvergne), sont des pays de montagnes.

Les principaux plateaux sont le plateau de Langres, le plateau de Lorraine (nord-est), les plateaux de Champagne et les plateaux entre Seine et Loire (Beauce). Le nord, le nord-ouest, l'ouest, le sud-ouest et une partie du centre de la France sont des pays de plaines plus ou moins accidentées (2).

---

(1) Les Alpes Cottiennes doivent leur nom au roi Cottius qui, vers le premier siècle de notre ère, régnait sur quelques tribus de la montagne.

(2) On devra insister d'une manière toute particulière sur la description du relief de la France et on montrera, en se servant d'une carte en

SIXIÈME LEÇON.

I. Entre l'Espagne et la France, se dirigent de l'ouest à l'est les *Pyrénées*, montagnes élevées en moyenne de plus de 2,000 mètres, hérissées de pics, n'ayant que peu de glaciers et de neiges éternelles. Le plus haut sommet est le mont *Maudit* ou Maladetta (3,404 mètres), dans les Pyrénées centrales. Les passages sont nombreux, mais élevés et difficiles. Les meilleurs sont aux deux extrémités de la chaîne, à l'est et à l'ouest. Des Pyrénées se détachent au nord les monts du *Bigorre* et les *Corbières*.

II. Au centre de la France s'étend une vaste région élevée en moyenne de 600 à 800 mètres, sillonnée par les chaînes volcaniques des monts d'*Auvergne* (massifs du *Cantal*, du mont *Dore*, chaîne des *Dômes*, *Puy-de-Dôme*) et limitée au sud-est et à l'est par les *Cévennes* méridionales (montagne *Noire*, monts *Garrigues*) et septentrionales (monts du *Vivarais*, du *Lyonnais*, du *Beaujolais*, du *Charolais*). Le sommet le plus élevé des *Cévennes* est le mont *Mézenc* (monts du *Vivarais*, 1754 mètres). Les *Cévennes* se terminent au massif montagneux du *Morvan*, et se prolongent au nord par la côte *d'Or*, le plateau de *Langres* et les monts *Faucilles*.

SEPTIÈME LEÇON.

I. Au nord-est, entre la France et l'Allemagne, s'élèvent les *Vosges*, chaîne de montagnes haute en moyenne de 600 à 800 mètres, et dominée par des sommets arrondis ou *ballons* (ballon d'Alsace, ballon de Guebwiller, Honeck, mont Donon).

II. A l'est, entre la France et la Suisse, s'étend le *Jura*, chaîne de montagnes élevée en moyenne de 1,000 à 1,200 mètres, formée de plusieurs chaînons parallèles et séparée des Vosges par la trouée de Belfort. Les plus hauts sommets, le Crêt de la Neige et le Reculet, ont plus de 1700 mètres.

III. Au sud-est, entre la France et l'Italie, s'élèvent les *Alpes occidentales*, montagnes hautes en moyenne de 3,000 mètres, couvertes de glaciers et de neiges et dominées par des pics escarpés. Elles se divisent en trois sections :

Alpes maritimes jusqu'au mont *Viso*, d'où se détachent vers le sud-ouest les *Alpes de Provence* ;

relief, comment la configuration du sol détermine la direction des cours d'eau. (Voir la carte en relief de France au 1/800 000°, par MM. Pigeonneau et Drivet.)

Alpes Cottiennes, du mont *Viso* au mont *Cenis* (cols du mont Genèvre et du mont Cenis; tunnel du chemin de fer d'Italie, 13 kilomètres). Du mont *Thabor* se détachent les *Alpes du Dauphiné* (mont *Pelvoux*);

Alpes Grées, du mont *Cenis* au mont *Blanc*, point culminant de l'Europe (4,810 mètres).

Questionnaire.

I. Quels sont en France les pays de montagnes? — Quels sont les principaux plateaux? — Rappeler ce qu'on entend par plateau. — Quels sont les pays de plaines peu élevées au-dessus du niveau de la mer? — Ne peut-il y avoir de plaines dans un pays de montagnes?

II. Quelle est la direction générale et l'aspect des Pyrénées? — Où commence et où finit la partie française des Pyrénées? — Qu'appelle-t-on cirque dans les Pyrénées? — Quel est le cirque le plus connu? — Indiquer les cols et les sommets les plus importants. — Rappeler ce qu'on entend par glacier. — Existe-t-il des glaciers dans les Pyrénées? — Qu'entend-on par massif central français? — Quelles sont les principales chaînes de montagnes qui dominent le massif central? — Quelle est la partie la plus élevée de ces montagnes? — Existe-t-il en France des volcans? — Qu'entend-on par volcans éteints? — Y a-t-il des volcans en Europe qui ne soient pas éteints? — Quels sont les principaux sommets des Cévennes? — Comment divise-t-on les Cévennes? — Existe-t-il des glaciers dans les Cévennes? — Pourquoi n'en existe-t-il pas? — Où sont situés les monts du Morvan? — Nommer les chaînes ou les plateaux qui rattachent les Cévennes aux Vosges.

III. Les Vosges sont-elles aussi élevées que les montagnes du centre de la France? — Quelle est la forme de leurs sommets? — De quel côté la pente est-elle le plus rapide? — Rappeler les principaux cols des Vosges. — Le Jura et les Vosges se tiennent-ils? — En quoi l'aspect du Jura diffère-t-il de celui des Vosges ou des Pyrénées? — Le Jura est-il plus ou moins élevé que les Vosges?

Quelles sont les parties françaises de la chaîne des Alpes? — Quelle est la cime la plus élevée des Alpes? — Comment divise-t-on les Alpes françaises? — Quels sont les principaux sommets et les principaux passages des Alpes Cottiennes? — Qu'est-ce qu'une avalanche? — Quels sont les animaux qui vivent dans les hautes régions des Alpes? — Existe-t-il des glaciers dans les Alpes? — Quels sont les rameaux des Alpes qui se détachent de la chaîne principale dans le versant français? — Qu'entend-on par versant et par rameau d'une chaîne de montagnes?

Exercices.

Indiquer sur une carte muette par des teintes différentes les pays de montagnes et les pays de plaines.

Reproduire d'après une carte en relief sur une carte muette plane le massif central français en indiquant les différences de niveau par des teintes.

Essayer de construire avec de la terre glaise un relief du massif du mont Blanc, d'après un modèle en relief.

Indiquer sur une carte en relief les principaux sommets et passages des Alpes et des Pyrénées.

CHAPITRE IV

DIVISION EN VERSANTS ET BASSINS. LES FLEUVES ET LES LACS.

I

Ligne de partage des eaux. — Des Alpes aux Pyrénées, s'étend une large bande de terrains plus ou moins élevés, qui traverse la France du sud-ouest au nord-est, puis se recourbe comme la lame d'une faucille, et se dirige vers le sud avec les monts du Jura;

Des Pyrénées à la trouée de Belfort, cette série de hautes terres se divise en six sections principales:

1° Les **Corbières occidentales**, qui ne sont qu'un rameau des Pyrénées;

2° Les **Cévennes méridionales**, qui finissent aux monts *Lozère*;

3° Les **Cévennes septentrionales**;

4° La **Côte d'Or**;

5° Le plateau de **Langres**;

6° Les monts **Faucilles**.

Versants. — On donne à ces montagnes et à ces plateaux le nom de *ligne générale de partage des eaux*, parce que les cours d'eau qui prennent leur source sur l'un des revers appartiennent au *versant* de la **Méditerranée**, qui ne renferme qu'un grand bassin fluvial, celui du **Rhône**, tandis que ceux qui descendent du revers opposé appartiennent au versant de l'**océan Atlantique**, subdivisé en plusieurs bassins.

Bassins. — De la ligne de partage des eaux se détachent des rameaux qui se dirigent pour la plupart du sud-est au nord-ouest, et qui séparent les bassins des fleuves appartenant à un même versant.

1° **Des Cévennes au golfe de Gascogne.** — Du massif des monts Lozère part une chaîne de montagnes qui renferme les plus hauts sommets de la France intérieure, les **monts d'Auvergne**; ils se prolongent vers l'ouest par les monts du *Limousin*, et les collines du *Périgord* et de la *Saintonge*. Ces hauteurs séparent le **bassin du golfe de Gascogne** (bassin secondaire de l'*Adour* et bassin principal de la **Garonne**), de celui de l'océan **Atlantique** proprement dit ou **mer de France** (bassin secondaire de la *Charente* et bassin principal de la **Loire**).

2° **De la côte d'Or à l'océan Atlantique.** — Entre la côte d'Or et l'océan Atlantique courent, de l'est à l'ouest, les *monts du Morvan*, les collines boisées du *Nivernais*, le large plateau de la *Beauce* (hauteur moyenne, 110 à 150 mètres), les collines verdoyantes de *Normandie*, les collines de *Bretagne*, plateaux couverts de bruyères, et les monts d'*Arrée* qui finissent à la pointe Saint-Mathieu. Ces hauteurs séparent le **bassin de l'Atlantique** de celui de la **Manche** (bassin principal de la **Seine**, bassins secondaires de la *Somme* (rive droite), de l'*Orne* (rive gauche), etc...).

3° **Du plateau de Langres au pas de Calais.** — Du plateau de Langres au pas de Calais, dans la direction du sud-est au nord-ouest, s'étendent l'*Argonne,* plateaux couverts de bois, coupés de marécages et de bas-fonds et sillonnés de chaînes de collines dénudées, et les collines de l'*Artois* qui finissent au pas de Calais, et séparent le **bassin de la Manche** de celui de la **mer du Nord** (bassins secondaires de l'**Escaut** et de la **Meuse**, bassin principal du **Rhin**).

4° **Des Faucilles vers la mer du Nord.** — Des monts Faucilles vers la mer du Nord remontent, dans la direction du sud au nord, les *côtes de Lorraine* qui forment le talus occidental du plateau de la Lorraine, et les premières ondulations du massif des **Ardennes**, qui séparent le **bassin** supérieur de la **Meuse** de celui du **Rhin**.

Versant de la Méditerranée. — (Bassin du Rhône et Bassins côtiers).

Cours du Rhône. — Le Rhône prend sa source en Suisse, dans le massif du *Saint-Gothard* qui fait partie de la chaîne des Alpes. Il sort d'un glacier qui porte son nom, coule d'abord de l'est à l'ouest dans une étroite et sauvage vallée, puis entre dans le lac *Léman* ou de *Genève*, en sort à *Genève*, grande ville de Suisse, et franchit, quelques kilomètres plus loin, la frontière française.

Brusquement détourné vers le sud par un contrefort du Jura, il roule avec l'impétuosité d'un torrent en creusant son lit sous une barrière de rochers qui le couvraient autrefois d'une sorte de voûte et que l'on a fait sauter pour permettre aux trains de bois de descendre le fleuve. Un rameau des montagnes de *Savoie* le rejette de nouveau vers l'ouest, jusqu'à son confluent avec la Saône.

Après avoir reçu la Saône, en sortant de *Lyon*, il rencontre la chaîne des Cévennes, change brusquement de direction et coule du nord au sud en longeant le pied de ces montagnes, toujours encaissé, toujours rapide et impétueux. Près d'*Arles* (dép. des Bouches-du-Rhône), le fleuve se partage en deux bras principaux, le *Grand-Rhône* à l'est et le *Petit-Rhône* à l'ouest, qui s'écartent comme les branches d'un compas et embrassent l'île inondée de la *Camargue*. Les bouches du Rhône présentent ainsi la forme d'un triangle ou d'un *delta*, lettre de l'alphabet grec dont le nom sert à désigner cette configuration particulière.

Son cours est d'environ 850 kilomètres dont 500 navigables de la frontière française à la mer; mais la navigation est gênée par l'impétuosité du fleuve dont les bateaux à vapeur eux-mêmes remontent difficilement le courant.

Affluents. — Les affluents de droite du Rhône sont:

1° L'**Ain** qui descend du Jura et coule du nord au sud.

2° La **Saône** qui prend sa source dans les monts *Faucilles*, coule du nord au sud, et contraste avec le Rhône par la tranquillité de son cours. Elle reçoit à gauche le *Doubs*, rivière sinueuse qui lui apporte les eaux du Jura.

3° et 4° L'**Ardèche** et le **Gard**, grands torrents qui descendent des Cévennes.

Les affluents de gauche sont, sans compter les torrents qui roulent sur le flanc des Alpes, et les petits cours d'eau qui servent d'écoulement aux lacs d'*Annecy* et du *Bourget* en Savoie:

1° L'**Isère** qui descend des *Alpes Grées*, coule dans un pays de montagnes et, dont le cours sinueux conserve à peu près la direction du nord-est au sud-ouest;

2° La **Drôme** qui n'est pas navigable et qui descend des Alpes du *Dauphiné*;

3° La **Durance** qui naît au mont *Genèvre* et coule du nord-est au sud-ouest, dans une étroite vallée encaissée entre les *Alpes du Dauphiné* et les *Alpes de Provence*.

Bassins secondaires. — Les bassins secondaires du versant de la Méditerranée sont: à l'est du Rhône (rive gauche) ceux du *Var* et de l'*Argens*, séparés de la vallée de la Durance par les Alpes de Provence:

LES FLEUVES ET LES LACS.

A l'ouest des bouches du Rhône (rive droite) ceux de l'*Hérault* qui descend des Cévennes et de l'*Aude* qui prend sa source dans les Pyrénées.

II

Versant de l'océan Atlantique. — Bassins du Rhin, de la Meuse et de l'Escaut (Mer du Nord).

1° **Cours du Rhin.** — Le territoire français n'occupe qu'une faible partie du bassin de la mer du Nord. Le principal fleuve de ce bassin, le Rhin, prend sa source dans les Alpes, au massif du *Saint-Gothard*, en Suisse, traverse le lac de *Constance*, tourne brusquement à l'ouest, puis au nord, roule dans un large lit semé d'îles et de bancs de sable, enfin s'incline vers le nord-ouest et arrose l'Allemagne et la Hollande, jusqu'à ce qu'il se confonde à son embouchure avec la Meuse (mer du Nord) (1,350 kilomètres de cours).

Le Rhin, qui formait avant la guerre de 1870 la frontière française de l'Est, ne coule plus en France depuis les traités qui nous ont arraché l'Alsace.

Affluents. — Il reçoit sur sa rive gauche, en *Allemagne* la Moselle, qui descend du col de Bussang et que grossissent (rive droite) la *Meurthe* et la *Sarre,* sorties, comme elle, de la chaîne des Vosges, dont le massif épais sépare la vallée du Rhin de celle de la Moselle.

2° **La Meuse** qui coule du sud au nord entre les *côtes de Lorraine* et le massif des *Ardennes* à l'est, l'*Argonne* et les collines de *Belgique* à l'ouest, prend sa source au plateau de Langres. Elle va se confondre avec le *Rhin* après avoir franchi la frontière française et traversé la Belgique et la Hollande (900 kilomètres de cours).

3° **L'Escaut** prend sa source en France, au plateau de Saint-Quentin, à la jonction des collines de Belgique et d'Artois, et coule du sud au nord dans un pays de plaines jusqu'à son entrée en Belgique.

Bassin de la Manche (Seine, Somme, Orne).

Cours de la Seine. — Le principal fleuve du bassin de la Manche, la Seine, prend sa source au pied de la *côte d'Or*, et coule du sud-est au nord-ouest en décrivant de nombreux détours, surtout entre *Paris et Rouen* (Seine-Inférieure). Son lit est bien encaissé, sa pente modérée, et les travaux de canalisation et d'endiguement ont triomphé des difficultés qu'offraient les bancs de sable ou de rochers, et la barre produite à son embouchure par la violence des marées. Elle finit au *Hâvre* (département de la Seine-Inférieure), après un cours de 770 kilomètres, dont 560 navigables ou canalisés, de *Troyes* (département de l'Aube) à la mer.

Affluents. — Ses affluents de droite sont :

1° L'**Aube**, qui descend du *plateau de Langres*, et dont la direction est presque parallèle à celle de la Seine.

2° La **Marne**, qui prend sa source au *plateau de Langres* et finit près de Paris, après avoir tracé un demi-cercle.

3° L'**Oise**, qui prend sa source en Belgique et coule du nord au sud. L'Oise reçoit à gauche l'*Aisne*, qui descend des plateaux de l'Argonne.

Les principaux affluents de gauche sont :

1° L'**Yonne**, qui descend des monts du *Morvan* et qui est navigable depuis *Auxerre* (département de l'Yonne);

2° L'**Eure**, qui descend des collines de Normandie.

Bassins secondaires. — 1° Le bassin secondaire de la **Somme**, situé sur la rive droite de la Seine, est enfermé dans la fourche que forment les *collines de l'Artois* au nord, celles de *Picardie* au sud.

La Somme prend sa source au plateau de Saint-Quentin et coule de l'est à l'ouest. C'est une rivière marécageuse, canalisée dans presque tout son cours.

2° Le bassin secondaire de l'**Orne**, situé sur la rive gauche de la Seine, est enfermé entre les collines de *Normandie* au sud, celles du *Cotentin* à l'ouest, jusqu'à la pointe de la *Hague*. L'Orne descend des collines de Normandie et coule du sud-est au nord-ouest : elle n'est pas navigable.

3° Entre les collines du *Cotentin* et celles de *Bretagne*, de la pointe de la Hague à la pointe Saint-Mathieu, s'étendent les bassins des petites rivières qui descendent des collines de Bretagne et dont la principale est la **Rance**.

III

Bassin de la Loire et bassins côtiers (océan Atlantique).

Cours de la Loire. — La Loire prend sa source dans les Cévennes, au mont Gerbier des Joncs (Ardèche), et coule d'abord du sud au nord jusqu'à *Nevers* (dép. de la Nièvre) entre les Cévennes à l'est et les monts du Vélay et du Forez à l'ouest. Arrêtée par la pente des collines du Nivernais et des plateaux de la Beauce, elle décrit un demi-cercle en passant par *Orléans*, chef-lieu du département du Loiret et par *Tours*, chef-lieu du département d'Indre-et-Loire, puis se dirige de l'est à l'ouest jusqu'à son embouchure ; c'est un fleuve sans lit, encombré de sables mouvants, desséché en été, mais sujet à des crues subites dont la double levée qui l'endigue ne conjure pas toujours les effets désastreux. Elle se jette dans l'océan Atlantique, entre *Saint-Nazaire* et *Paimbœuf* après avoir traversé *Nantes* (Loire-Inférieure). Son cours est de 1,100 kilomètres dont 780 navigables (depuis *Roanne* dans le département de la *Loire*) : c'est le plus long de nos fleuves français.

Affluents. — Les affluents de droite sont :

1° La **Nièvre**, petite rivière, qui prend sa source dans les collines du Nivernais.

2° La **Maine**, formée près d'Angers (Maine-et-Loire) par la jonction de la *Mayenne*, de la *Sarthe* et du *Loir*, rivières navigables qui naissent sur le revers méridional des collines de Normandie.

Les affluents de gauche sont :

1° L'**Allier**, qui descend du massif des monts Lozère et coule du sud au nord entre les monts d'Auvergne à l'ouest, et les montagnes du Vélay et du Forez à l'est.

2° Le **Loiret**, rivière navigable de 12 kilomètres.

3° Le **Cher**, cours d'eau navigable, qui naît dans les montagnes de la Marche et coule d'abord au nord, puis à l'ouest.

4° L'**Indre**, qui prend sa source dans un rameau des mêmes montagnes, et coule du sud-est au nord-ouest.

5° La **Vienne**, qui descend des monts du Limousin, coule d'abord de l'est à l'ouest, puis du sud au nord, et reçoit à droite la *Creuse*.

6° La **Sèvre Nantaise**, qui finit à Nantes.

Bassins secondaires. Vilaine. — La Vilaine (rive droite de la Loire) descend des collines de Bretagne et coule de l'est à l'ouest jusqu'à son confluent avec l'*Ille*, puis du nord au sud jusqu'à son embouchure.

Charente. — Au sud du bassin de la Loire, s'étend celui de la Charente, compris entre les collines de *Saintonge* et du *Périgord* au sud, les collines du *Poitou* et le plateau de *Gâtine* au nord. La Charente sort du revers occidental des monts du Limousin, décrit de nombreux détours, traverse les départements de la Charente, de la Vienne, de la Charente-Inférieure, et finit en face de l'île d'Oléron, après un cours de 340 kilomètres, dont 190 navigables.

Le bassin de la *Sèvre Niortaise*, qui passe à Niort (département des deux-Sèvres) et reçoit la *Vendée*, peut être regardé comme une dépendance du bassin de la Charente.

Bassin du golfe de Gascogne (Garonne, Adour).

Cours de la Garonne. — La Garonne prend sa source en Espagne, au val d'*Aran*, au pied du massif de la Maladetta, le plus élevé des Pyrénées : elle coule d'abord du sud-est au nord-ouest. Un rameau des Pyrénées la rejette bientôt vers le nord-est ; enfin, à partir de *Toulouse* (département de Haute-Garonne), longeant les dernières pentes du massif central, elle reprend la direction du nord-ouest, et se jette dans le golfe de Gascogne. Elle porte dans sa partie maritime, à partir du *Bec-d'Ambez*, un peu au-dessous de *Bordeaux* (dép. de la Gironde), le nom de **Gironde**.

Affluents. — Ses principaux affluents sont, à droite :

1° L'**Ariége**, qui descend des Pyrénées.

2° Le **Tarn**, rivière navigable, qui prend sa source au pied des monts Lozère, coule du nord-est au sud-ouest, et reçoit à droite l'*Aveyron*.

3° Le **Lot**, rivière navigable, qui prend sa source dans le massif des monts Lozère, et coule de l'est à l'ouest.

4° La **Dordogne**, rivière navigable, qui prend sa source dans le massif du mont *Dore*, coule du nord-est au sud-ouest, et se jette dans la Gironde au *Bec-d'Ambez*. Elle reçoit à droite la *Vézère*, grossie de la *Corrèze*, et l'*Isle*, qui descendent des plateaux du Limousin.

Les affluents de gauche sont :

1° Le **Gers**, cours d'eau qui n'est pas navigable.

2° La **Baïse**, qui sort, ainsi que le Gers, d'un plateau formé par les derniers gradins des Pyrénées.

Bassin secondaire. Adour. — Au sud du bassin de la Garonne, s'étend le bassin secondaire de l'**Adour**.

L'Adour prend sa source au pied du pic du Midi de Bigorre sur le revers septentrional des Pyrénées, décrit un demi-cercle, et vient se jeter à *Bayonne* (Basses-Pyrénées), dans le golfe de Gascogne. Il reçoit, à gauche, le *Gave* ou torrent de *Pau*, qui lui apporte les eaux des Pyrénées occidentales.

Les lacs.

Les lacs. Les régions marécageuses. — Les principaux lacs français sont : le lac de *Genève* ou *Léman*, traversé par le Rhône, le plus grand des lacs français ; le lac d'*Annecy* et le lac du *Bourget* en Savoie ; le lac de *Saint-Point* en Franche-Comté, celui de *Gérardmer*, au pied des Vosges ; enfin le lac de *Grandlieu* (département de la Loire-Inférieure) qui se déverse dans la Loire.

Les régions de marécages et d'étangs sont : la *Sologne* et la *Brenne* (Orléanais et Berry) au sud de la Loire, le pays des *Dombes* entre l'Ain et la Saône, le littoral de la Vendée et de la Charente, le département des Landes et le littoral de la Méditerranée depuis Narbonne jusqu'à Marseille.

RÉSUMÉ.

HUITIÈME LEÇON.

Des Pyrénées aux Alpes la ligne générale de partage des eaux qui divise la France en deux versants, celui de l'Atlantique au nord-ouest et celui de la Méditerranée au sud-est, est formée par les Corbières, les Cévennes méridionales, les Cévennes septentrionales, la côte d'Or, le plateau de Langres, les monts Faucilles, les Vosges méridionales et le Jura.

Les hauteurs qui séparent les *bassins* des fleuves sont :

1° Entre le bassin du *golfe de Gascogne* (*Adour* et Garonne) et celui de l'*Atlantique* proprement dit (*Charente*, Loire), des Cévennes au golfe de Gascogne les monts d'Auvergne, les monts du Limousin, les collines du Périgord et de Saintonge.

2° Entre le bassin de l'Atlantique et celui de la *Manche* (*Orne*, Seine, *Somme*), de la côte d'Or a l'Atlantique, les monts du Morvan, les collines du Nivernais, le plateau de la Beauce, les collines de Normandie, et les collines de Bretagne jusqu'à la pointe Saint-Mathieu.

3° Entre le bassin de la *Manche* et celui de la mer du Nord (*Meuse*, *Escaut*, Rhin), du plateau de Langres a la Manche, l'Argonne et les collines de l'Artois.

4° et 5° Entre la vallée de la *Meuse*, et le bassin du Rhin des Faucilles vers la mer du Nord, les côtes de Lorraine et le massif des Ardennes.

Bassins. — La France est donc divisée en deux versants et

cinq grands bassins fluviaux dont un seul appartient au versant de la *Méditerranée*, celui du *Rhône*, et quatre au versant de l'*océan Atlantique*, ceux de la *Garonne* (golfe de Gascogne), de la *Loire* (océan Atlantique proprement dit), de la *Seine* (Manche) et du *Rhin*, avec les bassins secondaires de la Meuse et de l'Escaut (mer du Nord).

Versant de la Méditerranée.

Le principal fleuve du versant de la Méditerranée est le *Rhône* qui prend sa source en Suisse au mont Saint-Gothard, coule de l'est à l'ouest, traverse le lac de Genève et, à partir de Lyon, se dirige du nord au sud jusqu'à la Méditerranée.

Il reçoit à droite l'*Ain* qui descend du Jura, la *Saône* qui prend sa source dans les monts Faucilles, et se grossit du *Doubs* (rive gauche), l'*Ardèche* et le *Gard* qui descendent des Cévennes : à gauche l'*Isère*, la *Drôme* et la *Durance* qui naissent dans les Alpes.

Les plus importants des bassins secondaires sont : à l'est (rive gauche du Rhône), celui du *Var*; à l'ouest (rive droite du Rhône), ceux de l'*Hérault* et de l'*Aude*.

NEUVIÈME LEÇON.

Versant de l'Atlantique.

1° BASSIN DE LA MER DU NORD. — Les principaux cours d'eau de ce bassin dans sa partie française sont : le *Rhin* qui prend sa source en Suisse, au mont Saint-Gothard, coule du sud au nord, traverse le lac de Constance, tourne de l'est à l'ouest, puis reprend la direction du sud au nord et arrose la Suisse, l'Allemagne et les Pays-Bas; il reçoit à gauche la *Moselle* qui naît en France au col de Bussang et se grossit elle-même (rive droite) de la *Meurthe*.

La *Meuse* qui prend sa source au plateau de Langres, coule du sud-est au nord-ouest et arrose la France, la Belgique et la Hollande.

L'*Escaut* qui prend sa source au plateau de Saint-Quentin, arrose la France et la Belgique.

2° BASSIN DE LA MANCHE. — Le principal fleuve est la *Seine* qui prend sa source à la jonction du plateau de Langres et de la côte d'Or et coule, en faisant de nombreux détours, du sud-est au nord-ouest jusqu'à la Manche.

Elle reçoit à droite l'*Aube*, la *Marne*, qui naissent au plateau de Langres, et l'*Oise* grossie de l'*Aisne*; à gauche, l'*Yonne* qui descend des monts du Morvan, et l'*Eure*.

Les plus importants des bassins secondaires sont au nord (rive droite de la Seine), celui de la *Somme*; à l'ouest (rive gauche de la Seine), ceux de l'*Orne* et de la *Rance*.

DIXIÈME LEÇON.

3° Bassin de l'Atlantique proprement dit. — Le principal fleuve est la *Loire*, le plus long fleuve français. Elle prend sa source dans les Cévennes, au mont Gerbier-des-Joncs (Ardèche), coule d'abord du sud au nord, décrit un demi-cercle en inclinant à l'ouest et se dirige de l'est à l'ouest jusqu'à son embouchure.

Elle reçoit à droite la *Nièvre* et la *Maine* formée par la réunion du *Loir*, de la *Mayenne* et de la *Sarthe*; à gauche, l'*Allier* qui naît dans les monts Lozère, le *Loiret*; le *Cher*, l'*Indre*, la *Vienne* qui descendent du massif central, et la *Sèvre Nantaise*.

Les bassins secondaires les plus importants sont au nord (rive droite de la Loire), celui de la *Vilaine* qui reçoit l'*Ille*; au sud (rive gauche de la Loire), ceux de la *Sèvre Niortaise* qui reçoit la *Vendée*, et de la *Charente*, rivière navigable qui descend des plateaux du Limousin.

4° Bassin du golfe de Gascogne. — Le principal fleuve est la *Garonne* qui prend sa source dans les Pyrénées, en Espagne, coule du sud au nord jusqu'à Toulouse, puis du sud-est au nord-ouest jusqu'à Bordeaux, et prend dans sa partie maritime le nom de *Gironde*.

La Garonne reçoit à droite l'*Ariège* qui descend des Pyrénées, le *Tarn* grossi de l'*Aveyron* et le *Lot* qui naissent dans les monts Lozère, la *Dordogne* qui naît au mont Dore et a pour affluents à droite la *Vézère*, grossie de la *Corrèze*, et l'*Isle*.

A gauche la Garonne reçoit le *Gers* et la *Baïse*.

Le bassin secondaire le plus important est au sud celui de l'*Adour*, qui naît dans les Pyrénées et reçoit le *Gave* ou torrent de *Pau*.

Lacs. — Les principaux lacs de France sont le lac de *Genève*, le plus grand lac français, le lac d'*Annecy*, le lac du *Bourget*, en Savoie, le lac de *Saint-Point*, celui de *Gérardmer*, le lac de *Grandlieu*.

Les régions marécageuses sont : la *Sologne*, la *Brenne*, les *Dombes*, le *marais Vendéen* et les *Landes*.

Questionnaire.

I. Quelles sont les chaînes de montagnes ou les plateaux qui séparent le versant de la Méditerranée de celui de l'Atlantique? — Rappeler la définition des versants et des bassins. — D'où vient le nom des monts Faucilles? — Quelles sont les hauteurs qui séparent les grands bassins maritimes? — Entre le bassin du golfe de Gascogne et celui de l'océan Atlantique proprement dit? — Entre l'océan Atlantique et la Manche? — Entre la Manche et la mer du Nord? — Quels sont les principaux fleuves de chacun de ces bassins?
II, III. Quelle est la ceinture du bassin de la Méditerranée? — Où le Rhône prend-il sa source? — Suit-il la même direction depuis sa source jusqu'à son embouchure? — Indiquer les principaux changements de direction du fleuve. — Quelles en sont les raisons? — Son cours est-il lent ou rapide? — Où commence la navigation du Rhône? — Décrire les bouches du fleuve. — Qu'entend-on par delta? — Quels sont les principaux affluents du Rhône sur la rive droite? — sur la rive gauche? — Indiquer pour les plus importants la source, la direction générale et les caractères qui les distinguent, tels que la pente rapide ou modérée, etc. — Quels sont ceux des affluents du Rhône qui reçoivent eux-mêmes des cours d'eau importants? — Quels sont les cours d'eau secondaires qui se jettent dans la Méditerranée? — Sur quelle rive du Rhône est situé le bassin du Var? de l'Aude? etc. — Existe-t-il des lacs dans le bassin du Rhône? — Y trouve-t-on des régions marécageuses?

Exercices.

Indiquer sur une carte en relief de la France la ceinture du bassin de la Manche, de la mer du Nord, du golfe de Gascogne, etc.
Tracer sur une carte de France où les contours seuls et les montagnes seront indiqués le cours des principaux fleuves.
Nota. — En changeant simplement les noms, le questionnaire et les exercices peuvent s'appliquer à tous les fleuves et à tous les bassins fluviaux ou maritimes de la France.

DEUXIÈME PARTIE

GÉOGRAPHIE POLITIQUE

CHAPITRE I

L'ANCIENNE GAULE ET L'ANCIENNE FRANCE. PROVINCES. GOUVERNEMENTS. DÉPARTEMENTS.

1° **L'ancienne Gaule.** — Le pays que nous appelons la France n'a pas toujours eu le même nom, ni les mêmes frontières qu'aujourd'hui.

Plusieurs siècles avant Jésus-Christ il était habité par des peuples appelés *Celtes* ou *Gaulois* dont la langue s'est encore conservée dans une partie de la province de Bretagne; on le nommait alors la *Gaule*. Cinquante ans environ avant Jésus-Christ, les Romains qui étaient alors le plus puissant peuple du monde soumirent les Gaulois après une résistance acharnée, mais les limites de la Gaule restèrent jusqu'à la chute de la domination romaine ce qu'elles étaient avant la conquête.

L'ancienne Gaule était bornée au nord par le Rhin; au nord-ouest, par la mer du Nord et la Manche; à l'ouest, par l'Atlantique; au sud, par les Pyrénées et la Méditerranée; à l'est, par les Alpes et le Rhin. Ces frontières s'étendaient bien au delà des limites de la France moderne, puisqu'elles embrassaient, outre le territoire français, les pays appelés aujourd'hui Belgique, Pays-Bas, Suisse et une partie de l'Allemagne occidentale.

2° **Empire franc.** Au ve siècle après Jésus-Christ, les invasions des barbares germains, ancêtres des peuples que nous appelons aujourd'hui Allemands, détruisirent peu à peu la domination romaine en Gaule, et Clovis, chef des Francs, lui porta le dernier coup. Le nom des Francs, qui se rendirent maîtres de toute l'ancienne Gaule, finit par prévaloir sur celui des Gaulois; mais ce ne fut guère avant le xe siècle qu'on commença à appeler France une partie de la Gaule septentrionale, et ce nom ne s'étendit que beaucoup plus tard aux provinces du midi. L'empire des Francs était du reste beaucoup plus vaste que la Gaule et comprenait en outre

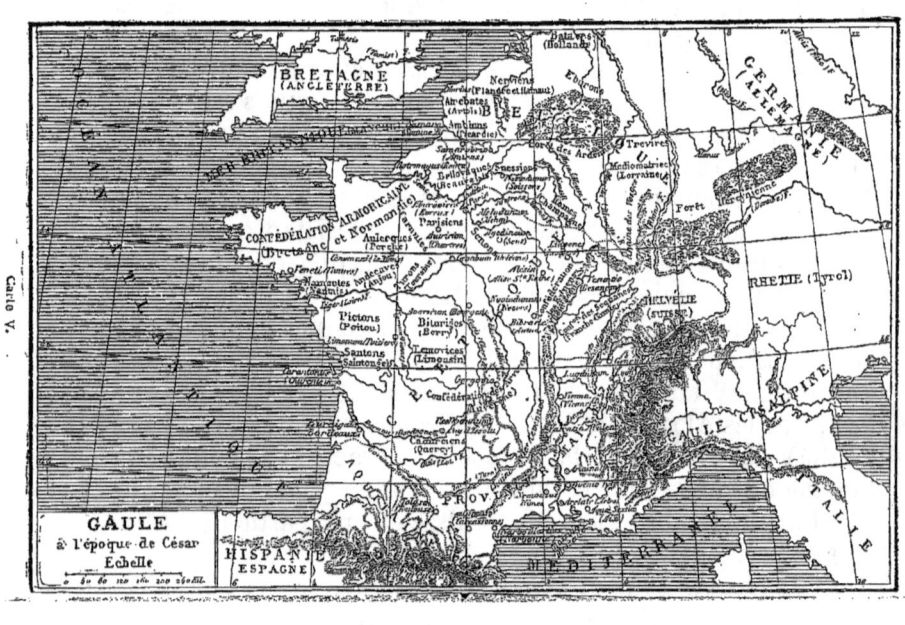

Carte V. — GAULE à l'époque de César

l'Allemagne presque entière, le nord de l'Espagne et une grande partie de l'Italie.

3° **Royaume de France.** Ce grand empire tomba comme celui des Romains, après la mort de Charlemagne, et sur ses ruines s'élevèrent l'empire d'Allemagne, le royaume d'Italie et le royaume de France, plus petit alors que la France de notre temps et que les rois agrandirent lentement jusqu'à la Révolution de 1789.

Anciens gouvernements de provinces. — En 1789 la France se divisait, comme nous l'avons vu, en *provinces*, qui formaient 34 grands *gouvernements* militaires en y comprenant la Corse.

Depuis 1789, trois provinces ont été réunies à la France, le *Comtat Venaissin* et *Avignon*, en 1791, le *Comté de Nice* et la *Savoie* en 1860 ; mais la perte de l'*Alsace* et d'une partie de la *Lorraine* en 1871 a compensé ces acquisitions.

Départements. — En 1790, les gouvernements de provinces furent remplacés par 83 départements : les conquêtes de la République française et de Napoléon Ier portèrent le nombre des départements jusqu'à 130 ; mais en 1815 la France vaincue par toute l'Europe liguée contre elle fut réduite à ses frontières de 1791 et le nombre des départements fut ramené à 86.

Il s'éleva, en 1860, à 89 par l'acquisition de Nice et de la Savoie ; mais nos pertes de 1871, l'ont réduit de nouveau à 87, en comptant le territoire de Belfort en Alsace.

Chacun des 87 départements est administré par un *préfet* nommé par le Président de la République et qui réside au chef-lieu du département. Un *conseil général* nommé par les électeurs, et composé d'un conseiller par canton délibère sur les affaires qui intéressent spécialement le département.

Arrondissements. — Le département est divisé en plusieurs *arrondissements* dont chacun est administré par un *sous-préfet* nommé par le Président de la République, et par un *conseil d'arrondissement,* nommé par les électeurs et composé d'un nombre de conseillers égal à celui des cantons compris dans l'arrondissement.

Cantons. — L'arrondissement est subdivisé en *cantons*. C'est au chef-lieu de canton que réside le juge de paix (1), et

(1) Le juge de paix est un magistrat chargé de juger les procès entre particuliers, quand l'objet contesté n'est pas d'une très-grande valeur, et surtout de prévenir les procès en s'efforçant d'arranger les contestations qui sont portées devant lui.

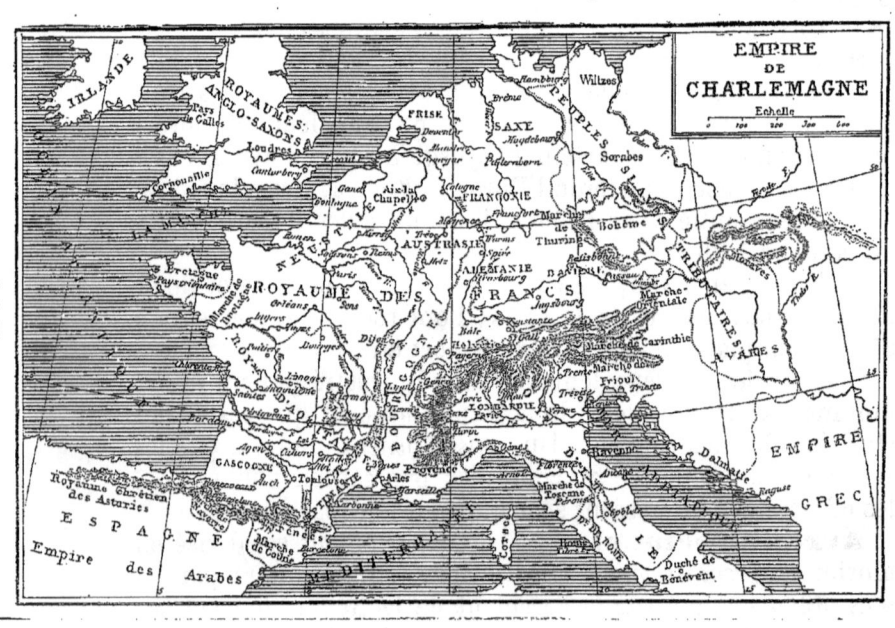

que les jeunes gens appelés au service militaire viennent tirer au sort.

Communes. — Chaque canton comprend un certain nombre de *communes* administrées par des *maires* et par des *conseils municipaux* que choisissent les électeurs de la commune.

Une commune se compose soit d'une ville, soit d'un ou de plusieurs villages, avec les hameaux, les fermes et les propriétés qui en dépendent (1).

Il y a aujourd'hui en France à peu près 36,000 communes.

Division en régions. — On peut diviser la France entière en neuf régions, dont chacune comprend un certain nombre de provinces et de départements :

1° La *région du Nord-Est* (4 gouvernements formés de 3 provinces, dont une presque entièrement perdue en 1871 ; 8 départements y compris le territoire de Belfort).

2° La *région du Nord* (5 provinces qui formaient 3 gouvernements, 3 départements).

3° La *région du Nord-Ouest* (2 provinces, 10 départements).

4° La *région de l'Ouest* (7 provinces qui formaient 6 gouvernements, 13 départements).

5° La *région du Sud-Ouest* (3 provinces qui formaient 2 gouvernements, 10 départements).

6° La *région du Sud* (4 provinces, 11 départements).

7° La *région du Sud-Est* (4 provinces dont deux seulement appartenaient à la France avant 1789 et formaient 2 gouvernements, 8 départements).

8° La *région de l'Est* (4 provinces, dont une annexée après 1789, 11 départements).

9° La *région du Centre* (8 provinces, 13 départements).

RÉSUMÉ.

ONZIÈME LEÇON.

1° La France s'appelait autrefois la GAULE et avait pour bornes le Rhin, les Alpes, la Méditerranée, les Pyrénées, l'Atlantique, la Manche et la mer du Nord.

2° L'EMPIRE FRANC qui succède en Gaule à la domination

(1) Toutes ces divisions administratives doivent être expliquées par des exemples tirés des localités connues de l'enfant.

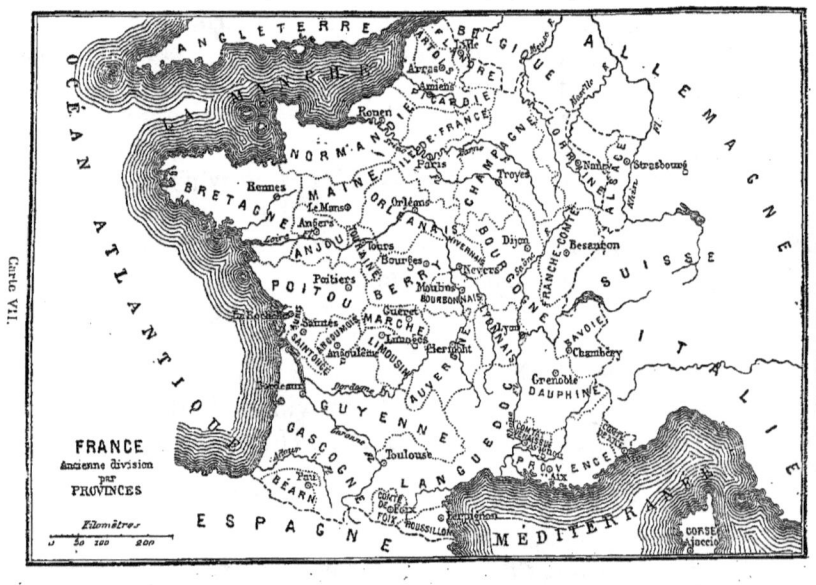

romaine comprenait outre la Gaule, l'Allemagne et une partie de l'Espagne et de l'Italie.

3° Avant 1790, le royaume de FRANCE se divisait en 34 gouvernements de provinces, en y comprenant la Corse. Cette ancienne circonscription fut remplacée, en 1790, par la division en 83 départements; en 1815 les départements étaient au nombre de 86; en 1860 ils furent portés à 89; en 1871, la perte de l'Alsace et d'une partie de la Lorraine les a réduits à 87 (en y comprenant le territoire de Belfort).

Divisions administratives. — La France est divisée en *départements* administrés par des *préfets* et par des *conseils généraux* élus : le département se subdivise en *arrondissements* administrés par des *sous-préfets* et des *conseils d'arrondissement*, l'arrondissement en *cantons*, le canton en *communes* administrées par des *maires* et des *conseils municipaux*.

Questionnaire (1).

Quel nom portait autrefois la France? — Quelles étaient les limites de la Gaule? — Le nom de France était-il déjà usité sous les Mérovingiens et les Carlovingiens? — Quelle était l'étendue de l'empire des Francs à l'époque de sa plus grande puissance sous ces deux dynasties? — Combien y avait-il de gouvernements militaires avant 1790? — Combien y avait-il de départements en 1790? — Combien en 1812 et en 1815? — Quels sont les changements qui ont eu lieu dans l'étendue du territoire français depuis 1815? — Qu'avons-nous perdu en 1871? — Quelle est la principale autorité du département? — Où réside le préfet? — Comment se divise le département? — Qu'est-ce qu'une commune? — Donner des exemples.

Exercices.

Montrer sur une carte d'Europe les limites de l'ancienne Gaule.
Montrer sur une carte d'Europe les limites de l'empire franc à la mort de Charlemagne.
Tracer sur une carte de France les limites comparées de la France en 1789, en 1791, en 1815, en 1860 et en 1871.

---

(1) Les élèves ne pouvant avoir qu'une connaissance imparfaite de l'histoire de France, on devra se borner à un exposé très-sommaire et surtout graphique, leur montrant sur une carte ce qu'on appelait autrefois la Gaule, quelle était l'étendue de la France en 1791, en 1812, en 1815, en 1860 et en 1871.

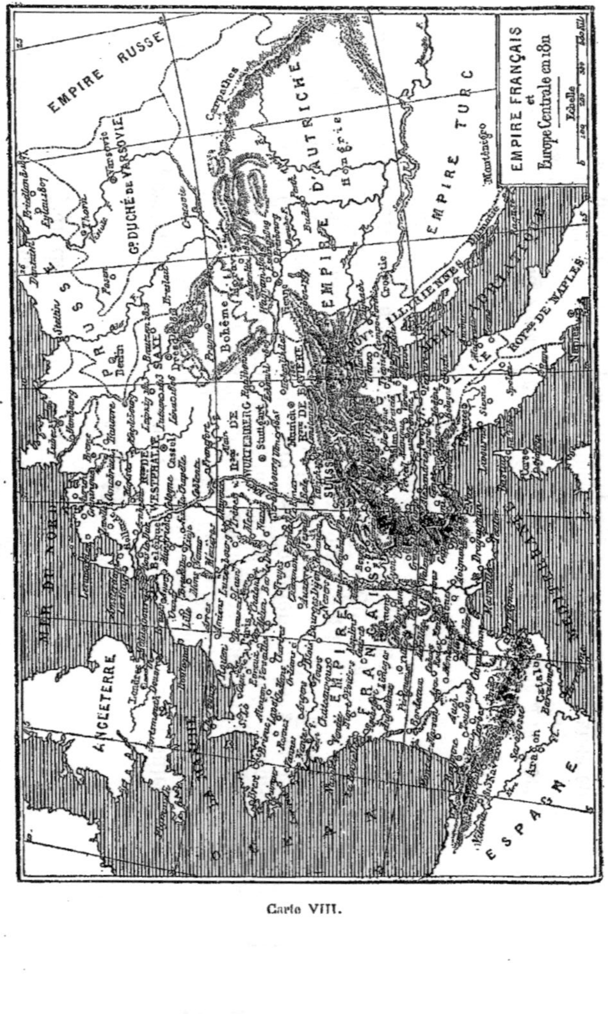
EMPIRE FRANÇAIS
et
Europe Centrale en 1811
Échelle
EMPIRE RUSSE
Gd DUCHÉ DE VARSOVIE
PRUSSE
EMPIRE D'AUTRICHE
Hongrie
EMPIRE TURC
Monténégro
ANGLETERRE
MER DU NORD
LA MANCHE
EMPIRE FRANÇAIS
ESPAGNE
Aragon
Catalogne
SUISSE
Rme DE WESTPHALIE
Rme DE WURTEMBERG
Rme DE BAVIÈRE
SAXE
Bohême
Carpathes
Croatie
PROVINCES ILLYRIENNES
MER ADRIATIQUE
ROYme DE NAPLES
Naples
Corse
MÉDITERRANÉE
Berlin
Varsovie
Stuttgart
Munich
Cassel

Carte VIII.

CHAPITRE II

DOUZIÈME LEÇON.

ANCIENS GOUVERNEMENTS DE PROVINCES. DÉPARTEMENTS. VILLES PRINCIPALES.

Bassin du Rhône et bassins secondaires.

Régions de l'Est, du Sud-Est et du Sud.

Aspect général du bassin. — Le versant de la Méditerranée qui comprend l'est, le sud-est et une partie du midi de la France, est une des régions les plus accidentées et les plus variées de notre pays : d'un côté les *Alpes* avec leurs vallées sauvages, leurs glaciers et leurs neiges éternelles (Dauphiné, Savoie) (1), le *Jura* avec ses forêts de chênes et de sapins (Franche-Comté) (2); de l'autre, les *Cévennes* avec leurs sommets arides et dépouillés (Languedoc) (3) : au nord, une large et riche vallée, celle de la Saône (Bourgogne (4) et Franche-Comté), à laquelle succède la vallée plus étroite et plus tourmentée du Rhône (Lyonnais, Languedoc, Dauphiné, Comtat-Venaissin), avec ses vignobles et ses plantations de mûriers : au sud-est, sur le littoral de la Méditerranée, des hauteurs couronnées de chênes verts et des baies innombrables au bord desquelles grandissent l'olivier, l'oranger et le palmier (Provence) (5), à l'ouest, sur le littoral du golfe du Lion, des côtes basses et sablonneuses, des lagunes, des plaines sillonnées de canaux d'irrigation (6), des coteaux plantés de

---

(1) Savoie signifie pays des sapins. Le Dauphiné doit son nom à ses anciens comtes qui portaient le titre de *dauphins* attribué, après l'acquisition de cette province, aux fils aînés des rois.

(2) Le mot comté était autrefois du féminin.

(3) Au moyen âge on parlait dans le sud de la France une langue plus voisine encore du latin que le français moderne et où le mot *oui* se disait *oc*; de là le nom de Langue d'oc.

(4) La Bourgogne doit son nom à un peuple d'origine germanique (allemande), les Burgundes ou Bourguignons.

(5) Le nom de Provence vient du latin *Provincia* qui signifie province. La Provence fut la première province romaine en Gaule.

(6) On appelle canal d'irrigation un canal destiné à l'arrosement du sol dans les pays chauds et secs.

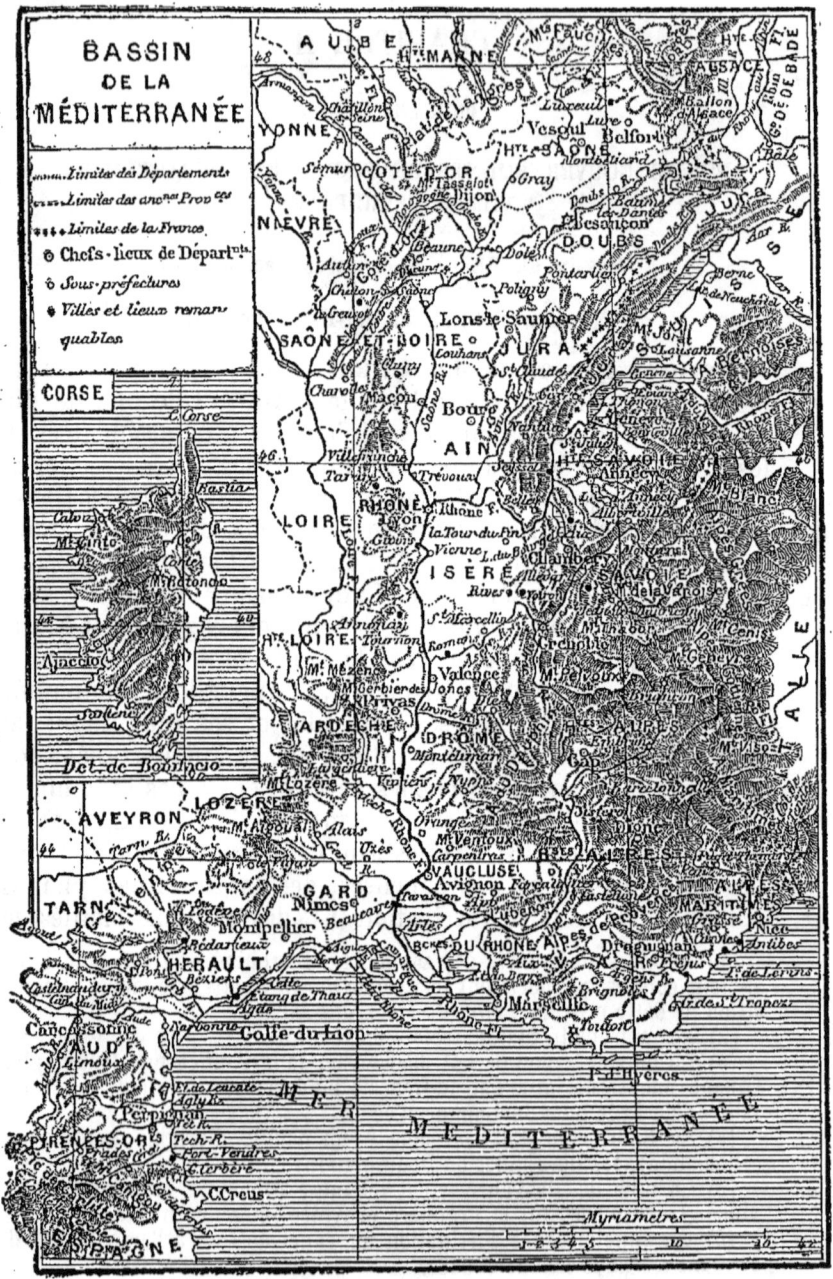

Carte IX.

DÉPARTEMENTS. VILLES PRINCIPALES.

vignes et de mûriers, qui prolongent jusqu'à la mer les dernières ondulations des Cévennes, des Corbières et des Pyrénées (Languedoc, Roussillon).

Anciennes divisions. — Le versant français de la Méditerranée comprend le territoire entier de quatre des anciens gouvernements de provinces : la *Franche-Comté* conquise par Louis XIV sur les Espagnols (xvii⁰ siècle), le *Dauphiné* acheté par Philippe VI de Valois (xiv⁰ siècle), la *Provence* réunie au domaine royal par héritage sous Louis XI (xv⁰ siècle), le *Roussillon* conquis sur les Espagnols par Louis XIII (xvii⁰ siècle) ; et plus de la moitié de trois autres, le *Lyonnais* acquis par Philippe IV (xiv⁰ siècle), la *Bourgogne* en partie réunie au domaine royal par Louis XI (xv⁰ siècle), en partie enlevée aux ducs de Savoie par Henri IV (xvii⁰ siècle) ; et le *Languedoc* en partie conquis par le roi Louis VIII (xiii⁰ siècle), en parti réuni par héritage sous le règne de Philippe III (id.). Il faut y ajouter l'île de *Corse* conquise sous Louis XV (xviii⁰ siècle), ainsi que le *Comtat-Venaissin* (1), la *Savoie*, et le *Comté de Nice* réunis à la France depuis la suppression des anciens gouvernements (2).

Départements. — Il renferme 23 (3) de nos départements qui représentent plus du quart de la superficie de la France. Le Rhône ne coupe qu'un seul de ces départements, celui du Rhône (*Lyonnais*), et sert de limites entre ceux qui bordent sa *rive gauche* : Haute-Savoie, Savoie (*Savoie*) ; Isère, Drôme (*Dauphiné*) ; Vaucluse (*Comtat-Venaissin*) ; Bouches-du-Rhône (*Provence*) ; et ceux qui longent sa *rive droite*, Ain (*Bourgogne*) ; Ardèche et Gard (*Languedoc*).

Les autres départements qui appartiennent au bassin du Rhône proprement dit sont ceux des Basses-Alpes (*Provence*) et des Hautes-Alpes (*Dauphiné*), sur la rive gauche du fleuve ; ceux du Jura, du Doubs, de la Haute-Saône (*Franche-Comté*), de la Côte-d'Or et de Saône-et-Loire (*Bourgogne*) dans la vallée de la Saône. Les départements qui appartiennent aux bassins secondaires du littoral sont les Alpes-Maritimes (*Comté de Nice*) et le Var (*Provence*), sur la rive gauche du Rhône : l'Hérault,

---

(1) Ce nom vient de celui d'une ville du Comtat ou Comté, le bourg de Venasque.
(2) Voir plus haut page 49.
(3) Nous considérons comme appartenant au bassin d'un fleuve les départements dont le chef-lieu ou le territoire presque entier est compris dans ce bassin.

l'Aude (*Languedoc*), et les Pyrénées-Orientales (*Roussillon*), sur la rive droite. Il faut y ajouter la Corse.

Principales villes. — Les villes les plus importantes et les plus peuplées sont *sur le cours du Rhône* : Lyon (402,000 habitants), chef-lieu du département du Rhône, au confluent du fleuve et de la Saône, l'antique capitale des Gaules au temps de la domination romaine, le centre de l'industrie des soieries et la seconde ville de France par sa population ; Avignon (41,000 habitants), chef-lieu du département de Vaucluse, vieille cité du moyen âge, résidence des papes au xiv° siècle ; Arles (23,500 habitants), sous-préfecture des Bouches-du-Rhône, avec ses monuments romains ;

Sur l'*Isère*, dans une admirable vallée dominée par des cimes boisées, Grenoble (52,000 habitants), ancienne ca-

Fig. VI. — Maison carrée (ancien temple romain) à Nîmes.

pitale du Dauphiné et chef-lieu du département de l'Isère, place forte et ville industrielle ;

DÉPARTEMENTS. VILLES PRINCIPALES. 59

Sur le *Doubs*, **Besançon** (57,000 habitants), ancienne capitale de la Franche-Comté, et chef-lieu du département du Doubs, ville de guerre et l'un des centres de l'industrie de l'horlogerie ; sur un petit affluent de la Saône (rive droite), **Dijon** (60,000 habitants), chef-lieu de la Côte-d'Or et ancienne capitale de la Bourgogne ;

Dans la région du littoral : **Perpignan** (34,000 habitants), place forte et chef-lieu du département des Pyrénées-Orientales ; **Béziers** (43,000 habitants), sous-préfecture de l'Hérault, centre du commerce des vins et des eaux-de-vie du Languedoc ; **Montpellier** (56,000 habitants), chef-lieu de l'Hérault, ville savante plutôt qu'industrielle ; **Nîmes** (70,000 habitants), chef-lieu du Gard, ville romaine par ses souvenirs et par ses monuments ; **Aix** (29,000 habitants), sous-préfecture des Bouches-du-Rhône, ancienne capitale de la Provence ; **Cette** (37,000 habitants), dans l'Hérault, notre second port marchand sur la Méditerranée ; **Marseille** (376,000 habitants), sur la Méditerranée, chef-lieu des Bouches-du-Rhône, notre premier port français et l'une des reines du commerce de l'Orient ; **Toulon** (70,000 habitants), sous-préfecture du Var, port de guerre ; **Nice** (78,000 habitants), chef-lieu des Alpes-Maritimes, assise aux bords de la Méditerranée, au milieu des jardins et des bois d'orangers.

CHAPITRE III

TREIZIÈME LEÇON.

Versant de l'Atlantique. — Bassin de la mer du Nord. (Rhin, Meuse et Escaut.)

Régions du Nord-Est et du Nord.

Aspect général du bassin. — Le bassin de la mer du Nord comprend le nord-est et le nord de la France, et se divise en quatre grandes vallées : celle du Rhin, celle de la Moselle, celle de la Meuse et celle de l'Escaut.

La vallée du Rhin (Alsace) (1), que dominent les sommets arrondis et les pentes boisées des Vosges, est une des régions les plus fertiles et les mieux cultivées de l'Europe. Habitée par une race énergique et intelligente, française de cœur, bien qu'elle parle encore l'allemand et que l'Allemagne nous

(1) Alsace veut dire pays de l'Ill.

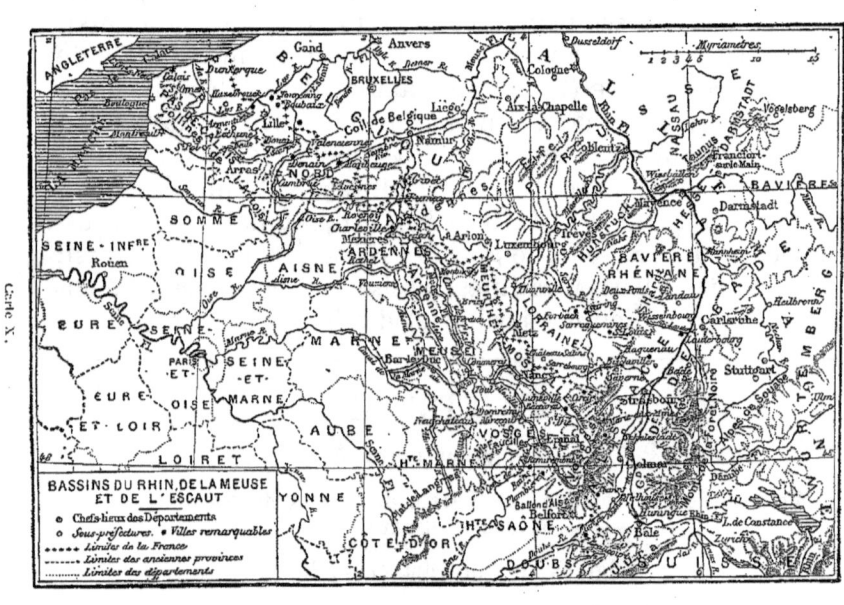

DÉPARTEMENTS. VILLES PRINCIPALES.

l'ait arrachée par la conquête, elle a vu l'industrie se développer en même temps que l'agriculture, et la population s'accroître dans une proportion inconnue aux régions du Midi.

La vallée de la Moselle, étroite mais fertile, coupe le plateau de la Lorraine et se dirige du sud au nord dans le même sens que la vallée de la Meuse, dominée par des plateaux boisés, au sol âpre et pierreux, (Lorraine (1) et Champagne).

Le bassin de l'Escaut (Flandre et Artois) est une vaste plaine d'une fertilité sans égale, entrecoupée de quelques tourbières (2) et bordée sur le littoral de dunes sablonneuses et de marais desséchés.

Divisions anciennes et contemporaines. — Le bassin de la mer du Nord comprend cinq de nos anciennes provinces : l'*Alsace* conquise sous Louis XIII (xviie siècle), et perdue en 1871, les *Trois-Évêchés* (Metz, Toul et Verdun), conquis par Henri II (xvie siècle), la *Lorraine* réunie à la France sous Louis XV, mais mutilée par les traités de 1871 ; un quart de la *Champagne*, l'*Artois* et la *Flandre* enlevés aux Espagnols sous Louis XIII et sous Louis XIV (xviie siècle).

Il était divisé avant 1871 en 9 départements qui représentaient un dixième de la superficie de la France : Haut-Rhin et Bas-Rhin (*Alsace*) ; Vosges, Meurthe, Moselle, Meuse (*Lorraine*) ; Ardennes (*Champagne*) ; Nord (*Flandre*) et Pas-de-Calais (*Artois*). Aujourd'hui il ne comprend plus que 7 départements, Vosges, Meurthe-et-Moselle, Meuse, Ardennes, Nord et Pas-de-Calais, et l'arrondissement de *Belfort* considéré comme une division indépendante.

Parmi les villes que nous ont arrachées les traités de 1871, les plus importantes sont : sur l'*Ill*, affluent du Rhin, **Strasbourg** (104,000 habitants en 1870), capitale de l'Alsace et chef-lieu de l'ancien département du Bas-Rhin, ville forte, célèbre par son antique cathédrale que les obus prussiens n'ont pas épargnée en 1870 ; **Mulhouse** (68,000 habitants en 1870,) le centre de l'industrie du coton en Alsace, ancienne sous-préfecture du département du Haut-Rhin :

Sur la *Moselle*, **Metz** (55,000 h. en 1870), ancien chef-lieu de la Moselle, place forte dont le nom rappelle pour nous

---

(1) Le nom de Lorraine, en allemand *Lothringen*, vient de celui du roi Lothaire à qui ce pays appartenait au ixe siècle.
(2) On appelle tourbières les marais d'où l'on extrait la tourbe. La tourbe est une sorte de boue noirâtre provenant des débris de végétaux et qui peut brûler quand elle est sèche.

de tristes souvenirs (1870), aussi française par la langue que par les sentiments.

Les villes qui restent à la France sont : sur la *Meurthe*, **Nancy** (80,000 h.), ancien chef-lieu de la Lorraine et du département de la Meurthe, devenu aujourd'hui celui de Meurthe-et-Moselle, ville rajeunie, aux rues larges et régulières.

Dans le bassin de l'*Escaut* : **Lille** (190,000 habitants), ancienne capitale de la Flandre, chef-lieu du département du Nord, une de nos premières villes de guerre et d'industrie ; **Roubaix** (100,000 habitants) et **Tourcoing** (58,000 habitants), deux des grands centres industriels du département du Nord ; **Cambrai** (24,000 habitants) et **Valenciennes** (27,500 h.) sur l'Escaut, **Douai** (30,000 h.) sur la *Scarpe*, places fortes et sous-préfectures du département du Nord ; **Arras** (27,000 h.), place forte, ancienne capitale de l'Artois et chef-lieu du département du Pas-de-Calais.

Sur le littoral : **Dunkerque** (38,000 h.), sous-préfecture du département du Nord, port de commerce sur la mer du Nord ; **Calais** (59,000 h., en y comprenant la population de Saint-Pierre-lès-Calais), chef-lieu de canton du Pas-de-Calais, longtemps occupé par les Anglais (de 1347 à 1558) ; et **Boulogne** (46,000 h.), sous-préfecture du département du Pas-de-Calais, l'un des principaux débouchés de notre commerce avec l'Angleterre.

CHAPITRE IV

QUATORZIÈME LEÇON.

Bassin de la Manche (Seine, Somme, bassins secondaires).
Régions du Nord et du Nord-Ouest.

Aspect général du bassin. — Le bassin de la Manche qui correspond à la région du nord-ouest et à une partie de celle du nord offre un aspect tout autre que celui du Rhône ou du Rhin : plus de neiges éternelles, plus de montagnes élevées, plus de vallées sauvages ; la ceinture du bassin est presque partout formée de collines ou de plateaux d'une médiocre hauteur ; la pente des rivières est modérée, leur lit bien tracé, les inondations rares et peu redoutables : au nord de la Marne et de la Seine s'étend jusqu'à la mer une plaine accidentée (Champagne (1), Ile-de-France et Picardie), sil-

(1) Champagne veut dire le pays des plaines.

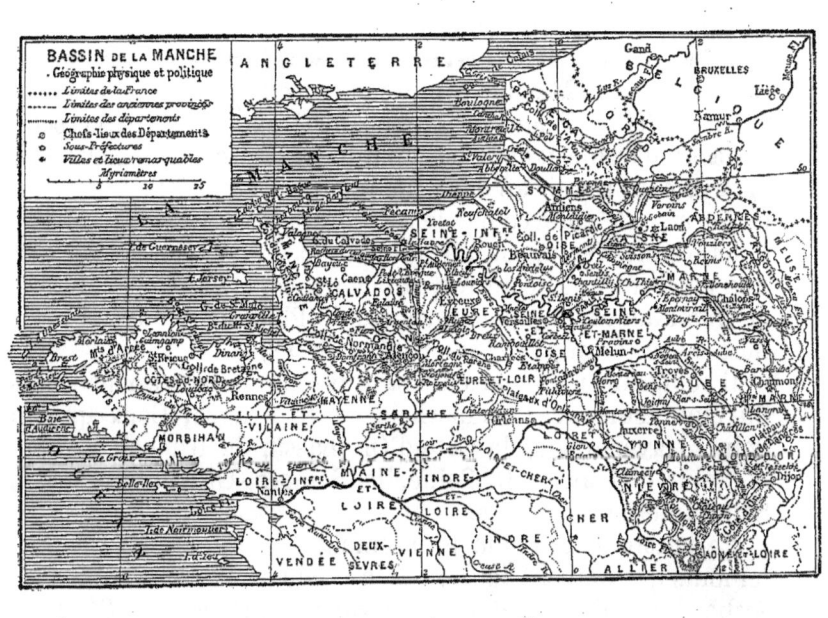

lonnée de collines boisées, semée dans le bassin de la Somme de tourbières et de marécages, riche en céréales et en cultures industrielles de toute espèce. Entre la Marne et la Seine s'élève un plateau (Champagne) crayeux, stérile, creusé de quelques vallées marécageuses. Sur la rive gauche de la Seine, aux plateaux boisés qui dominent le cours de l'Yonne (Bourgogne), succèdent les vastes plaines de la Beauce (Ile-de-France et Orléanais), et les vallées de la Normandie (1) avec leurs magnifiques herbages; enfin, sur le littoral de la Manche, du golfe de Saint-Malo à la pointe Saint-Mathieu, se prolonge une bande de terrains granitiques, de plaines sablonneuses et de landes stériles (Bretagne).

Divisions anciennes et contemporaines. — Le bassin de la Manche comprend trois de nos anciennes provinces, l'*Ile-de-France*, domaine de Hugues Capet, berceau de la monarchie et de la nationalité françaises, la *Picardie* définitivement réunie au domaine royal par Louis XI (xv° siècle), la *Normandie* enlevée par le roi Philippe-Auguste (xiii° siècle) à Jean-sans-Terre, roi d'Angleterre et duc de Normandie; et une partie de quatre autres, la *Bourgogne*, la *Champagne* réunie au domaine royal par le mariage de Philippe IV avec l'héritière de ce comté, l'*Orléanais* et la *Bretagne*.

Il renferme 17 départements qui représentent un peu plus du cinquième de la superficie de la France. Ceux que la Seine traverse sont la Côte-d'Or (bassin du Rhône), l'Aube, la Seine-et-Marne, la Seine, la Seine-et-Oise, l'Eure et la Seine-Inférieure.

Le bassin de la Seine proprement dit comprend 12 départements qui doivent leur nom au fleuve et à ses affluents : Aube, Haute-Marne et Marne formés par l'ancienne *Champagne*; Yonne (*Bourgogne*); Eure-et-Loir (*Orléanais*); Seine-et-Marne, Seine-et-Oise, Seine, Aisne et Oise (*Ile-de-France*); Seine-Inférieure et Eure (*Normandie*).

Les bassins secondaires renferment 5 départements :
Somme (*Picardie*) dans le bassin de la Somme; Orne, Calvados et Manche (*Normandie*) dans celui de l'Orne; Côtes-du-Nord (bassins du littoral de *Bretagne*).

Principales villes. — Les villes les plus importantes sont *sur le cours de la Seine*, de la source à l'embouchure,

---

(1) Ce nom vient de celui des Normands ou hommes du Nord venus de la Scandinavie et qui s'établirent en France au ix° et au x° siècle.

Troyes, ancienne capitale de la Champagne et chef-lieu du département de l'Aube (46,000 habitants);

Paris, chef-lieu du département de la Seine et capitale de la France.

Siége des administrations, des compagnies de commerce les plus puissantes, situé sur un fleuve navigable, à 40 lieues de la mer, au centre de toutes nos voies de communication, habité par une population de 2,345,000 âmes, ville de luxe et de travail, d'activité et de plaisir, Paris est à la fois la capitale politique, commerciale et industrielle de la France. En même temps, ses monuments, ses musées, ses bibliothèques, ses établissements scientifiques, ses écoles, ses théâtres en font le rendez-vous du monde civilisé, la tête de la France et de l'Europe.

Enfin, c'est dans cet étroit espace que se sont déroulés les plus grands événements de notre histoire, et que se sont décidées plus d'une fois les destinées de la France, sur lesquelles Paris a exercé une influence tour à tour bienfaisante et funeste, mais presque toujours décisive;

Saint-Denis (48,000 habitants), chef-lieu d'arrondissement du département de la Seine, et ville industrielle, a conservé son antique abbaye, sépulture des rois de France;

Rouen (107,000 habitants), ancienne capitale de la Normandie et chef-lieu de la Seine-Inférieure, peut montrer avec orgueil, à côté des usines et des filatures qui font sa richesse, ses monuments du moyen âge, souvenirs de sa longue et glorieuse histoire. Enfin le **Havre**, à l'embouchure de la Seine (112,000 habitants), sous-préfecture du département de la Seine-Inférieure, est une ville moderne, notre second port de commerce et l'un de nos premiers centres industriels.

Sur le plateau dont les dernières pentes viennent mourir dans la plaine que couvre Paris s'élève **Versailles** (50,000 habitants), chef-lieu du département de Seine-et-Oise, séjour favori de Louis XIV, dont le château est aujourd'hui un musée consacré à nos gloires nationales, et théâtre des premières scènes de la Révolution de 1789 et des événements de 1870 et 1871, si graves pour l'avenir de la France;

Sur les plateaux qui séparent la vallée de la Marne de celle de l'Aisne, **Reims** (98,000 habitants), sous-préfecture du département de la Marne, retrouve dans le développement de son industrie sa prospérité d'autrefois attestée par ses monuments et surtout par sa magnifique cathédrale;

Sur la *Somme*, **Saint-Quentin** (47,000 habitants), sous-préfecture du département de l'Aisne, et **Amiens** (80,000 habitants), ancienne capitale de la Picardie et chef-lieu du département de la Somme, sont également d'antiques cités enrichies et renouvelées par l'industrie moderne;

Sur l'*Orne*, **Caen** (44,000 habitants), chef-lieu du département du Calvados, est le centre d'une région industrielle et agricole qui rivalise avec celle de Rouen;

Dans la région du littoral **Dieppe** (23,000 habitants) sous-préfecture de la Seine-Inférieure, n'est plus qu'un port de second ordre, effacé par le Hâvre; **Cherbourg** (37,000 habitants), sous-préfecture du département de la Manche, est devenu, grâce à des travaux gigantesques, notre grand port militaire sur la Manche, et le rival des ports anglais.

CHAPITRE V

QUINZIÈME LEÇON.

Bassin de l'Atlantique proprement dit (Vilaine, Loire, Charente).

Régions de l'Ouest et du Centre.

Aspect général du bassin. — La partie supérieure du bassin de la Loire appartient à une vaste région élevée de 500 à 800 mètres au-dessus du niveau de la mer. Pays tourmenté, hérissé de montagnes volcaniques, couvert de prairies et de pâturages, le massif central (Marche (1), Limousin, Auvergne, Lyonnais, Languedoc) porte encore dans ses cratères éteints, dans ses coulées de laves, dans les déchirures qui ont donné passage aux eaux de ses lacs desséchés, les traces des convulsions de la nature à l'époque où il se dressait comme une île gigantesque au-dessus des flots de l'Océan qui couvrait encore presque tout le reste de la France.

La pente septentrionale du plateau vient mourir dans une plaine marécageuse et légèrement ondulée dont la Loire forme la limite (Bourbonnais (2), Berry, Orléanais). Sur la rive droite, les montagnes ou les collines de ceinture qui, dans la vallée supérieure de la Loire, sont très-rapprochées du fleuve, s'écartent à partir d'Orléans, et aux pâturages des

(1) Marche signifie pays frontière.
(2) Ce nom et ceux de la plupart des provinces qui suivent dérivent de ceux que portaient d'anciens peuples gaulois.

Cévennes, aux forêts du Nivernais succèdent les riches plaines de l'Orléanais, du Maine et de la Touraine, le jardin de la France.

A partir de la vallée de la Mayenne, le sol change encore une fois de caractère: le granit reparait ; c'est l'Anjou avec ses étroits vallons, ses champs bordés de haies, ses plantations de pommiers et de poiriers, c'est la Bretagne avec ses bruyères, ses landes stériles, et sa ceinture de rochers battus par une mer houleuse, pays où semble s'être réfugié le rude et opiniâtre génie de la race gauloise dont les paysans du Morbihan et du Finistère parlent encore la langue.

Au sud de la Loire, le bassin de la Charente et de la Sèvre Niortaise (Poitou, Angoumois et Saintonge, Aunis) couvert sur le littoral de plages marécageuses, fertile et bien cultivé dans la vallée de la Charente et les plaines de la Vendée est plus accidenté, assez propice aux céréales, mais riche surtout en vignobles, en prairies et en bestiaux dans la vallée supérieure de la Charente et de la Sèvre.

Divisions anciennes. — Le bassin de la Loire et les bassins côtiers comprennent le territoire entier de neuf de nos anciens gouvernements de provinces : la *Marche*, le *Bourbonnais*, confisqués par François Ier (xvie siècle) après la trahison d'un prince de la maison de Bourbon, le *Berry* acheté par le roi Philippe Ier (xiie siècle), la *Touraine*, le *Maine*, l'*Anjou*, le *Poitou* conquis par Philippe-Auguste sur le roi d'Angleterre Jean sans Terre, l'*Aunis*, l'*Angoumois* et la *Saintonge*, enlevés aux Anglais sous Charles V (xive siècle) ; et une partie plus ou moins considérable de sept autres, le *Languedoc*, l'*Auvergne* confisquée par François Ier sur la maison de Bourbon, le *Lyonnais*, le *Nivernais*, l'*Orléanais* qui faisait partie du domaine de Hugues Capet, chef de la dynastie capétienne, la *Bretagne* réunie au domaine royal sous François Ier par mariage et héritage (xvie siècle) ; et le *Limousin* définitivement réuni au domaine royal à l'avénement de Henri IV.

Départements. — Il renferme vingt-quatre départements, qui représentent près d'un tiers de la superficie de la France. Les départements traversés par le fleuve sont, outre celui de l'*Ardèche* où il prend sa source (bassin du Rhône), ceux de la *Haute-Loire* (Languedoc), de la *Loire* (Lyonnais), de *Saône-et-Loire* (bassin du Rhône), séparé par le cours de la Loire de celui de l'*Allier* (Bourbonnais), de la *Nièvre* (Niver-

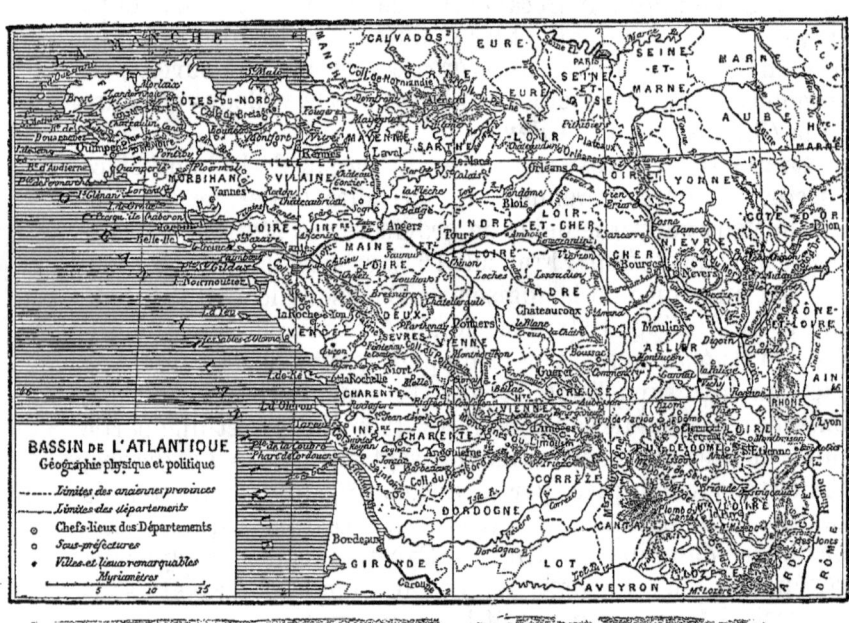

nais), séparé par le cours de la Loire du département du Cher (Berry), du *Loiret*, de *Loir-et-Cher* (Orléanais), d'*Indre-et-Loire* (Touraine) de *Maine-et-Loire* (Anjou) et de la *Loire-Inférieure* (Bretagne).

Les autres départements compris dans le bassin de la Loire sont le *Puy-de-Dôme* (Auvergne) la *Creuse* (Marche), la *Haute-Vienne* (Limousin), l'*Indre* (Berry), la *Vienne* et les *Deux-Sèvres* (Poitou), la *Sarthe* et la *Mayenne* (Maine).

Les départements du bassin de la Charente et de la Sèvre-Niortaise sont la *Charente* (Angoumois), la *Charente-Inférieure* (Aunis et Saintonge) et la *Vendée* (Poitou). Ceux du bassin de la Vilaine et des autres bassins du littoral au nord de la Loire sont l'*Ille-et-Vilaine*, le *Finistère* et le *Morbihan* (Bretagne).

Principales villes. — Les villes les plus importantes sont dans la vallée supérieure de la Loire, sur un torrent qui descend des Cévennes, **Saint-Etienne** (118,000 habitants), chef-lieu du département de la Loire, ville d'industrie, située au milieu de collines arides, noires de fumée et de houille ;

Sur la *Loire*, **Orléans** (60,000 h.) ancienne capitale de l'Orléanais et chef-lieu du Loiret, le boulevard de la France au temps de Jeanne d'Arc ; **Tours** (60,000 h.) entre le Cher et la Loire, ancienne capitale de la Touraine et chef-lieu de l'Indre-et-Loire ; **Nantes** (127,000 h.), chef-lieu de la Loire-Inférieure, l'un de nos grands ports de commerce ;

Sur le plateau central, au pied du Puy-de-Dôme, **Clermont-Ferrand** (47,000 habitants) ancienne capitale de l'Auvergne et chef-lieu du Puy-de-Dôme, avec ses églises et ses maisons noires bâties en pierres de laves ;

Sur un affluent du *Cher*, au centre de la France, **Bourges** (43,000 h.), ancienne capitale du Berry, chef-lieu du Cher, sur les pentes d'une colline que domine une majestueuse cathédrale ;

Sur la *Vienne*, **Limoges** (68,000 habitants) ancienne capitale du Limousin et chef-lieu de la Haute-Vienne, ville d'industrie, fameuse par ses fabriques de porcelaine ;

Sur un affluent de la *Vienne*, **Poitiers** (36,000 habitants), ancienne capitale du Poitou et chef-lieu de la Vienne, ville pleine de souvenirs et de vieux monuments, mais sans mouvement et sans industrie ;

Sur la *Maine*, **Angers**, (73,000 h.), ancienne capitale de l'Anjou et chef-lieu du département de Maine-et-Loire, célèbre par son vieux château et ses immenses carrières d'ardoises;

Sur la *Sarthe*, **le Mans** (57,000 habitants), ancienne capitale du Maine et chef-lieu de la Sarthe, ville industrielle et centre d'une riche région agricole ;

Sur la *Mayenne*, **Laval** (30,000 habitants,) chef-lieu de la Mayenne, qui fabrique des toiles et des coutils ;

Sur la *Charente*, **Angoulême** (35,000 habitants), ancienne capitale de l'Angoumois et chef-lieu de la Charente assis sur la pente d'une colline pittoresque, ville industrielle, célèbre par ses papeteries ; **Rochefort** (31,000 habitants), port de guerre créé par le grand ministre Colbert, (XVII° siècle) au milieu de marais insalubres ;

Sur la *Vilaine*, **Rennes** (66,000 habitants), ancienne capitale de la Bretagne et chef-lieu de l'Ille-et-Vilaine, ville monotone et trop grande pour sa population ;

Sur le littoral de la Bretagne, **Saint-Malo** sur la Manche (23,000 habitants avec *Saint-Servan*) sous-préfecture de l'Ille-et-Vilaine, avec sa population d'intrépides matelots ; **Brest** (70 000 habitants), sous-préfecture du Finistère, notre premier port militaire sur l'Océan, et **Lorient** (40,000 h.), sous-préfecture du Morbihan, port militaire et chantier de construction.

CHAPITRE VI

SEIZIÈME LEÇON.

Bassin du golfe de Gascogne (Garonne et Adour).

Régions du Sud-Ouest et du Midi.

Aspect général du bassin. — Le bassin de la Garonne se divise en quatre régions naturelles.

Au sud, le long des Pyrénées, dont le versant français est beaucoup moins escarpé que le versant espagnol, s'ouvrent d'étroites vallées arrosées par des torrents, et couronnées de sombres forêts d'ifs et de sapins (Béarn, Gascogne, Languedoc, et comté de Foix). Au nord et à l'est, s'élèvent en amphithéâtre jusqu'aux sommets des monts du Limousin, des monts d'Auvergne et des Cévennes méridionales, des plateaux arides et pierreux, derniers gradins du massif central, pays de landes et de pâturages, sillonnés de ravins et de vallons qui seuls se prêtent à la culture (Guienne (1), Languedoc, Auvergne et Limousin). Au centre

(1) Guienne est une corruption du nom d'*Aquitaine* que les anciens donnaient au midi de la Gaule.

DÉPARTEMENTS. VILLES PRINCIPALES.

Carte XIII.

se déploie une large et fertile vallée, celle de la Garonne, couverte de moissons, d'arbres fruitiers et d'admirables vignobles, qui sont une des richesses de la France (Guienne). A l'ouest, enfin, sur le littoral de l'Atlantique, bordé de mornes marécages et de dunes blanches que couronnent des forêts de pins, s'étend une plaine sablonneuse, véritable steppe avec ses bruyères incultes, ses fondrières, ses troupeaux de chevaux et de moutons à demi sauvages, et sa population de bergers et de résiniers (Landes de Gascogne).

Divisions anciennes et contemporaines. — Le bassin du golfe de Gascogne qui correspond à la région du sud-ouest et du midi, comprend le territoire entier de trois de nos anciens gouvernements de provinces, la *Guienne* et la *Gascogne* conquises sur les Anglais par Charles VII (xve siècle), le *Béarn* et le *comté de Foix* domaine personnel du roi Henri IV, réuni à la couronne de France, à son avénement, et une partie de trois autres, le *Limousin*, l'*Auvergne* et le *Languedoc*.

Il renferme 16 départements qui représentent près du quart de la superficie de la France. La Garonne traverse les départements de Haute-Garonne (*Languedoc*), Tarn-et-Garonne, Lot-et-Garonne et Gironde (*Guienne* et *Gascogne*).

Les autres départements compris dans le bassin de la Garonne sont : l'Ariége (*Comté de Foix*), le Tarn et la Lozère (*Languedoc*), l'Aveyron, le Lot et la Dordogne (*Guienne*), le Cantal (*Auvergne*), la Corrèze (*Limousin*), le Gers (*Gascogne*). Les départements du bassin de l'Adour sont les Landes, les Hautes-Pyrénées (*Gascogne*) et les Basses-Pyrénées (*Béarn*).

Villes principales. — Les plus grandes villes sont sur le *cours de la Garonne* : **Toulouse** (148,000 hab.), ancienne capitale du Languedoc et chef-lieu de la Haute-Garonne, avec ses maisons de briques et ses monuments du moyen âge ; et **Bordeaux** (240,000 hab.), ancienne capitale de la Guienne et chef-lieu de la Gironde, un de nos grands ports de commerce, et l'une des plus belles villes de France ;

Sur le *Tarn*, **Montauban** (30,000 hab.), chef-lieu du Tarn-et-Garonne ;

Sur l'*Adour*, **Bayonne** (27,000 hab.), sous-préfecture des Basses-Pyrénées ; enfin sur le *Gave de Pau*, **Pau** (30,600 hab.), ancienne capitale du Béarn et chef-lieu du même département, avec son château qui vit naître Henri IV.

RÉSUMÉ.

DIX-SEPTIÈME ET DIX-HUITIÈME LEÇONS.

TABLEAU DES DÉPARTEMENTS SUIVANT L'ORDRE DES BASSINS
ET CONCORDANT AVEC LES ANCIENNES PROVINCES.

DÉPARTEMENTS	CHEFS-LIEUX (1) DE DÉPARTEMENTS ET D'ARRONDISSEMENTS.
RÉGION DU NORD-EST (4 gouvernements de provinces).	
BASSINS DU RHIN ET DE LA MEUSE.	
ALSACE (Province conquise par Louis XIII, arrachée à la France par la Prusse en 1871, sauf *Belfort*). Capitale STRASBOURG.	
HAUT-RHIN.	COLMAR, *Belfort Mulhouse* sur l'*Ill*.
BAS-RHIN.	STRASBOURG sur l'*Ill*, Saverne, Schelestadt et Wissembourg.
TROIS-ÉVÊCHÉS et LORRAINE, réunis à la France sous Henri II et sous Louis XV, en partie perdus en 1871. (4 départements dont un supprimé en 1871.) Capitale NANCY.	
VOSGES.	ÉPINAL, sur la *Moselle*, Mirecourt, Neufchâteau sur la *Meuse*, Remiremont, Saint-Dié sur la *Meurthe*.
MEURTHE-ET-MOSELLE (avant 1871 département de la MEURTHE).	NANCY sur la *Meurthe*, Briey, Lunéville, Toul sur la *Moselle*. (Arrondissements avant 1871 : *Nancy*, Château-Salins, Lunéville, Sarrebourg et Toul.)
MOSELLE (annexé à l'Allemagne en 1871, sauf Briey).	METZ sur la *Moselle*, Briey, Sarreguemines sur la *Sarre*, et Thionville sur la *Moselle*.
MEUSE.	BAR-LE-DUC, Commercy sur la *Meuse*, Montmédy, *Verdun* sur la *Meuse*.
BASSINS DE LA MEUSE ET DE LA SEINE.	
CHAMPAGNE réunie au domaine royal par Philippe IV (mariage). (4 départements), cap. TROYES.	
ARDENNES.	MÉZIÈRES sur la *Meuse*, Rethel sur l'*Aisne*, Rocroi, *Sedan* sur la *Meuse*, et Vouziers.
MARNE.	CHALONS-SUR-MARNE, Épernay sur la *Marne*, *Reims*, Sainte Menehould sur l'*Aisne*, et Vitry-le-François sur la *Marne*.
HAUTE-MARNE.	CHAUMONT, sur la *Marne*, *Langres* et Vassy.
AUBE.	TROYES sur la *Seine*, Arcis-sur-Aube, Bar-sur-Aube, Bar-sur-Seine et Nogent-sur-Seine.
RÉGION DU NORD (3 gouvernements de provinces)	
BASSIN DE L'ESCAUT.	
FLANDRE enlevée à l'Espagne par Louis XIV (1 département) cap. LILLE.	
NORD.	LILLE, Avesnes, *Cambrai* sur l'*Escaut*, Douai sur la *Scarpe*, affluent de l'*Escaut*, Hazebrouck, *Dunkerque*, Valenciennes sur l'*Escaut*; v. pr. *Roubaix*, *Tourcoing*.

(1) Les noms des chefs-lieux de département qui doivent être appris par les élèves sont écrits en PETITES MAJUSCULES ; ceux des chefs-lieux d'arrondissements importants ou des grandes villes en *italiques*, ainsi que les noms des cours d'eau.

DÉPARTEMENTS (ANCIENS NOMS DE PAYS).	CHEFS-LIEUX DE DÉPARTEMENTS ET D'ARRONDISSEMENTS.
\multicolumn{2}{c}{ARTOIS enlevé à l'Espagne par Louis XIII (1 département) cap. ARRAS.}	
PAS DE-CALAIS.	ARRAS, sur la *Scarpe*, Béthune, *Boulogne*, Montreuil, Saint-Omer et Saint-Pol ; v. pr. *Calais*.
\multicolumn{2}{c}{BASSIN DE LA SOMME.}	
\multicolumn{2}{c}{PICARDIE réunie définitivement par Louis XI (1 département) cap. AMIENS.}	
SOMME.	AMIENS, sur la *Somme*, Abbeville, sur la *Somme*, Doullens, Montdidier, Péronne, sur la *Somme*.
\multicolumn{2}{c}{**RÉGION DU NORD-OUEST** (2 gouvernements de provinces)}	
\multicolumn{2}{c}{BASSIN DE LA SEINE.}	
\multicolumn{2}{c}{ILE-DE-FRANCE domaine des Capétiens (5 départements) cap. PARIS.}	
AISNE (*Vermandois*).	LAON, Château-Thierry sur la *Marne*, Saint-Quentin, sur la *Somme*, Soissons, sur l'*Aisne*, et Vervins.
OISE (*Valois, Beauvaisis*).	BEAUVAIS, Clermont, Compiègne sur l'*Oise*, et Senlis.
SEINE-ET-OISE.	VERSAILLES, Corbeil sur la *Seine*, Étampes, Mantes, sur la *Seine*, Pontoise, sur l'*Oise*, et Rambouillet.
SEINE-ET-MARNE (*Brie*).	MELUN, sur la *Seine*, Coulommiers, Fontainebleau, Meaux, sur la *Marne*, et Provins.
SEINE.	PARIS, sur la *Seine*, Saint-Denis et Sceaux.
\multicolumn{2}{c}{BASSIN DE LA SEINE ET BASSINS CÔTIERS.}	
\multicolumn{2}{c}{NORMANDIE conquise par Philippe II sur les rois d'Angleterre (5 départements) cap. ROUEN.}	
EURE.	EVREUX, Les Andelys, Bernay, Louviers sur l'*Eure*, et Pont-Audemer.
SEINE-INFÉRIEURE.	ROUEN, sur la *Seine*, Dieppe, le Havre, Neufchâtel et Yvetot.
CALVADOS.	CAEN, sur l'*Orne*, Bayeux, Falaise, Lisieux, Pont-l'Évêque et Vire.
ORNE (*Perche*).	ALENÇON, sur la *Sarthe*, Argentan, sur l'*Orne*, Domfront et Mortagne.
MANCHE (*Cotentin*).	SAINT-LÔ, Avranches, *Cherbourg*, Coutances, Mortain et Valognes.
\multicolumn{2}{c}{**RÉGION DE L'OUEST** (6 gouvernements de provinces)}	
\multicolumn{2}{c}{BASSINS DE LA RANCE, DE LA VILAINE ET DE LA LOIRE.}	
\multicolumn{2}{c}{BRETAGNE réunie au domaine royal par François Ier (mariage et héritage.) (5 départements) cap. RENNES.}	
COTES-DU-NORD.	SAINT-BRIEUC, Dinan sur la *Rance*, Guingamp, Lannion et Loudéac.

RÉSUMÉ.

DÉPARTEMENTS (ANCIENS NOMS DE PAYS).	CHEFS-LIEUX DE DÉPARTEMENTS ET D'ARRONDISSEMENTS.
BRETAGNE (*Suite*).	
ILLE-ET-VILAINE.	RENNES, sur la *Vilaine*, Fougères, Montfort, Redon sur la *Vilaine*, Saint-Malo sur la *Rance*, et Vitré.
FINISTÈRE.	QUIMPER, *Brest*, Châteaulin, Morlaix et Quimperlé.
MORBIHAN.	VANNES, *Lorient*, Pontivy et Ploërmel.
LOIRE-INFÉRIEURE.	NANTES, sur la *Loire*, Ancenis, sur la *Loire*, Châteaubriant, Paimbœuf et *Saint-Nazaire* sur la *Loire*.
MAINE conquis par Philippe II, réuni définitivement par Louis XI (héritage) (2 départements) cap. LE MANS.	
SARTHE.	LE MANS, sur la *Sarthe*, La Flèche sur le *Loir*, Mamers et Saint-Calais.
MAYENNE.	LAVAL, Château-Gontier et Mayenne, sur la *Mayenne*.
ANJOU conquis par Philippe II, réuni définitivement par Louis XI (héritage). (1 département) cap. ANGERS.	
MAINE-ET-LOIRE.	ANGERS, sur la *Maine*, Baugé, Cholet, Saumur, sur la *Loire*, et Segré.
BASSINS DE LA LOIRE ET DE LA CHARENTE.	
POITOU conquis par Philippe II sur les rois d'Angleterre (3 départements) cap. POITIERS.	
VIENNE.	POITIERS, Châtellerault, sur la *Vienne*, Civray, sur la *Charente*, Loudun et Montmorillon.
DEUX-SÈVRES.	NIORT, sur la *Sèvre*, Bressuire, Melle et Parthenay.
VENDÉE (*Le Marais, Le Bocage*).	LA ROCHE-SUR-YON, Fontenay-le-Comte, sur la *Vendée*, les Sables-d'Olonne.
BASSIN DE LA CHARENTE.	
ANGOUMOIS (1) conquis par Charles V sur les Anglais (1 département) cap. ANGOULÊME.	
CHARENTE.	ANGOULÊME, sur la *Charente*, Barbezieux, Cognac, sur la *Charente*, Confolens, sur la *Vienne*, et Ruffec.
AUNIS ET SAINTONGE conquis par Charles V sur les Anglais (1 département) cap. LA ROCHELLE ET SAINTES.	
CHARENTE-INFÉRIEURE	LA ROCHELLE, Jonzac, Marennes, *Rochefort* et Saintes sur la *Charente*, Saint-Jean-d'Angély.

(1) L'Angoumois et la Saintonge ne formaient qu'un gouvernement.

DÉPARTEMENTS (ANCIENS NOMS DE PAYS).	CHEFS-LIEUX DE DÉPARTEMENTS ET D'ARRONDISSEMENTS.

RÉGION DU SUD-OUEST (2 gouvernements de provinces)

BASSINS DE LA GARONNE ET DE L'ADOUR.

GUIENNE ET GASCOGNE conquises par Charles VII sur les Anglais (9 départements) cap. BORDEAUX.

GIRONDE (*Bordelais*).	BORDEAUX, sur la *Garonne*, Bazas, Blaye, sur la *Gironde*, Lesparre, Libourne, sur la *Dordogne*, et la Réole, sur la *Garonne*.
DORDOGNE (*Périgord*).	PÉRIGUEUX, sur l'*Isle*, Bergerac, sur la *Dordogne*, Nontron, Ribérac et Sarlat.
LOT (*Quercy*).	CAHORS, sur le *Lot*, Figeac et Gourdon.
AVEYRON (*Rouergue*).	RODEZ, sur l'*Aveyron*, Espalion, sur le *Lot*, Milhau, sur le *Tarn*, Saint-Affrique, Villefranche sur l'*Aveyron*.
TARN-ET-GARONNE.	MONTAUBAN, sur le *Tarn*, Castel-Sarrasin, Moissac, sur le *Tarn*.
LOT-ET-GARONNE (*Agénois*).	AGEN, sur la *Garonne*, Marmande, Nérac, sur la *Baïse*, et Villeneuve-sur-Lot.
LANDES.	MONT-DE-MARSAN, Dax et Saint-Sever, sur l'*Adour*.
GERS (*Armagnac*).	AUCH, sur le *Gers*, Condom, sur la *Baïse*, Lectoure, Lombez et Mirande.
HAUTES-PYRÉNÉES (*Bigorre*).	TARBES, sur l'*Adour*, Argelès et Bagnères.

BÉARN domaine personnel du roi Henri IV (1 département) cap. PAU.

BASSES-PYRÉNÉES (*Navarre et Béarn*).	PAU, Bayonne, sur l'*Adour*, Mauléon, Oloron et Orthez.

RÉGION DU MIDI (4 gouvernements de provinces)

BASSINS DE LA GARONNE, DU RHÔNE ET DE LA LOIRE.

COMTÉ DE FOIX domaine personnel de Henri IV (1 département) cap. FOIX.

ARIÉGE.	FOIX, sur l'*Ariége*, Pamiers et Saint-Girons.

ROUSSILLON conquis par Louis XIII sur les Espagnols (1 département) cap. PERPIGNAN.

PYRÉNÉES-ORIENTALES.	PERPIGNAN, Céret et Prades.

LANGUEDOC en partie conquis sous Louis VIII, en partie réuni par héritage sous Philippe III (8 départements) cap. TOULOUSE.

HAUTE-GARONNE.	TOULOUSE, Muret et Saint-Gaudens, sur la *Garonne*, Villefranche.
AUDE.	CARCASSONNE, sur l'*Aude*, Castelnaudary, Limoux, sur l'*Aude*, et Narbonne.

RÉSUMÉ.

DÉPARTEMENTS (ANCIENS NOMS DE PAYS).	CHEFS-LIEUX DE DÉPARTEMENTS ET D'ARRONDISSEMENTS.
	LANGUEDOC (*Suite*).
TARN (*Albigeois*).	ALBY, sur le *Tarn*, Castres, Gaillac et Lavaur.
HÉRAULT.	MONTPELLIER, *Béziers*, Lodève et Saint-Pons, v. pr. *Cette*.
GARD.	NIMES, Alais, sur le *Gard*, Uzès et le Vigan.
LOZÈRE (*Gévaudan*),	MENDE, sur le *Lot*, Florac et Marvejols.
ARDÈCHE (*Vivarais*).	PRIVAS, Largentière, Tournon, sur le *Rhône*.
HAUTE-LOIRE (*Vélay*).	LE PUY, Brioude, sur l'*Allier*, et Yssingeaux.

CORSE conquise sous Louis XV (1 département) cap. BASTIA.

CORSE.	Ajaccio, *Bastia*, Calvi, Corté et Sartène.

RÉGION DU SUD-EST (2 gouvernements de provinces) : 2 provinces annexées après 1790

BASSIN DU RHÔNE.

COMTÉ DE NICE réuni en 1860 (1 département) cap. NICE.

ALPES-MARITIMES.	Nice, Grasse et Puget-Théniers.

PROVENCE réunie par Louis XI (héritage) (3 départements) cap. AIX.

BASSES-ALPES.	DIGNE, Barcelonnette, Castellane, Forcalquier, Sisteron, sur la *Durance*.
VAR.	DRAGUIGNAN, Brignoles et *Toulon*.
BOUCHES-DU-RHONE.	MARSEILLE, Aix, Arles, sur le *Rhône*.

COMTAT D'AVIGNON enlevé aux papes en 1791 (1 département) cap. AVIGNON.

VAUCLUSE.	AVIGNON, sur le *Rhône*, Apt, Carpentras et Orange.

DAUPHINÉ acheté par Philippe VI (3 départements) cap. GRENOBLE

ISÈRE.	GRENOBLE, sur l'*Isère*, La Tour-du-Pin, Saint-Marcellin, Vienne, sur le *Rhône*.
HAUTES-ALPES.	GAP, Briançon et Embrun sur la *Durance*.
DROME.	VALENCE, sur le *Rhône*, Die, sur la *Drôme*, Montélimar et Nyons.

RÉGION DE L'EST (3 gouvernements de provinces) : 1 province annexée après 1790.

BASSINS DU RHÔNE, DE LA LOIRE ET DE LA SEINE.

SAVOIE réunie en 1860 (2 départements) cap. CHAMBÉRY.

HAUTE-SAVOIE.	ANNECY, Bonneville, Saint-Julien et Thonon.
SAVOIE.	CHAMBÉRY, Albertville, Moutiers, sur l'*Isère*, et Saint-Jean-de-Maurienne.

4.

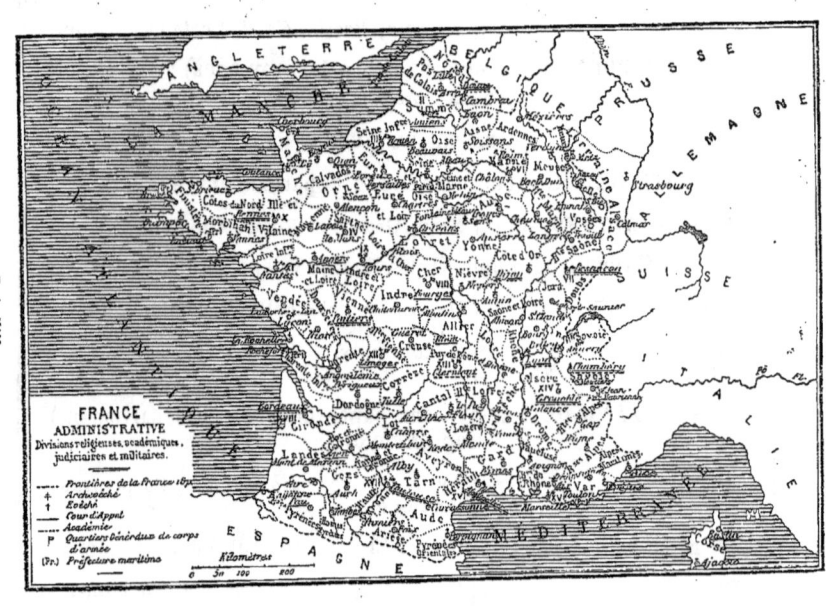

RÉSUMÉ.

DÉPARTEMENTS (ANCIENS NOMS DE PAYS).	CHEFS-LIEUX DE DÉPARTEMENTS ET D'ARRONDISSEMENTS.
LYONNAIS réuni au domaine royal sous Philippe IV et sous François Ier (2 départements) cap. LYON.	
LOIRE (*Forez*).	SAINT-ÉTIENNE, Montbrison, Roanne, sur la *Loire*.
RHONE (*Lyonnais, Beaujolais*).	LYON, sur le *Rhône*, Villefranche.
BOURGOGNE conquise en partie par Louis XI, en partie par Henri IV (4 départements) cap. DIJON.	
YONNE (*Basse-Bourgogne*).	AUXERRE, sur l'*Yonne*, Avallon, Joigny et Sens, sur l'*Yonne*, Tonnerre.
COTE-D'OR (*Haute-Bourgogne*).	DIJON, Beaune, Châtillon-sur-*Seine* et Semur.
SAONE-ET-LOIRE (*Mâconnais, Charolais*).	MACON, sur la *Saône*, Autun, Châlon-sur-*Saône*, Charolles et Louhans, v. pr. *Le Creusot*.
AIN (*Bresse, Bugey, Dombes*).	BOURG, Belley, Gex, Nantua, Trévoux, sur la *Saône*.
FRANCHE-COMTÉ conquise sur les Espagnols par Louis XIV (3 départements) cap. BESANÇON.	
HAUTE-SAONE.	VESOUL, Gray, sur la *Saône*, et Lure.
DOUBS.	BESANÇON, sur le *Doubs*, Baume-les-Dames (*id.*), Montbéliard, Pontarlier, sur le *Doubs*.
JURA.	LONS-LE-SAULNIER, Dôle, sur le *Doubs*, Poligny et Saint-Claude.

RÉGION DU CENTRE (8 gouvernements de provinces).

BASSINS DE LA LOIRE ET DE LA SEINE.

NIVERNAIS réuni en 1789 (1 département) cap. NEVERS.	
NIÈVRE (*Morvan*).	NEVERS, sur la *Loire*, Château-Chinon, Clamecy, sur l'*Yonne*, Cosne, sur la *Loire*.
BOURBONNAIS confisqué par François Ier (1 département) cap. MOULINS.	
ALLIER.	MOULINS, sur l'*Allier*, Gannat, La Palisse, Montluçon, sur le *Cher*.
BERRY acheté par Philippe Ier (2 départements) cap. BOURGES.	
INDRE (*Brenne*).	CHATEAUROUX, sur l'*Indre*, Le Blanc, sur la *Creuse*, La Châtre, sur l'*Indre*, et Issoudun.
CHER.	BOURGES, Sancerre, Saint-Amand, sur le *Cher*.
ORLÉANAIS domaine de Hugues Capet (3 départements) cap. ORLÉANS.	
LOIR-ET-CHER (*Sologne, Blaisois, Vendômois*).	BLOIS, sur la *Loire*, Romorantin, Vendôme, sur le *Loir*.

DÉPARTEMENTS (ANCIENS NOMS DE PAYS).	CHEFS-LIEUX DE DÉPARTEMENTS ET D'ARRONDISSEMENTS.
	ORLÉANAIS (*Suite*).
LOIRET (*Orléanais, Sologne, Gâtinais*).	ORLÉANS, sur la *Loire*, Gien, sur la *Loire*, Montargis et Pithiviers.
EURE-ET-LOIR (*Beauce et Perche*).	CHARTRES, sur l'*Eure*, Châteaudun, sur le *Loir*, Dreux et Nogent-le-Rotrou.
	TOURAINE enlevée par Philippe-Auguste aux rois d'Angleterre (1 département) cap. TOURS.
INDRE-ET-LOIRE (*Touraine et Brenne*).	TOURS, sur la *Loire*, Chinon, sur la *Vienne*, Loches, sur l'*Indre*.
	MARCHE confisquée par François Ier (1 département).
CREUSE.	GUÉRET, Aubusson, Bourganeuf et Boussac.
	BASSINS DE LA CHARENTE, DE LA LOIRE ET DE LA GARONNE.
	LIMOUSIN réuni à l'avénement de Henri IV (2 départements) cap. LIMOGES.
CORRÈZE.	TULLE, sur la *Corrèze*, Brive, sur la *Corrèze*, et Ussel.
HAUTE-VIENNE.	LIMOGES, sur la *Vienne*, Bellac, Rochechouart et Saint-Yrieix.
	AUVERGNE confisquée par François Ier (2 départements) cap. CLERMONT.
CANTAL.	AURILLAC, Mauriac, Murat et Saint-Flour.
PUY-DE-DOME (*Limagne*).	CLERMONT, Ambert, Issoire, Riom et Thiers.

Questionnaire (1).

Quelle était, avant 1790, la division administrative de la France? — Un gouvernement est-il la même chose qu'une province? — A quelle époque et pourquoi a été établie la division en départements? — Quels pays ou provinces comprenait le gouvernement de...? — Indiquer le chef-lieu du gouvernement, — les départements qui y correspondent. — Quel est le chef-lieu du département de...? — A quel gouvernement et à quelle province correspondait ce département? — En indiquer la situation. — Sur quel fleuve ou sur quelle rivière est située la ville de...? — En combien de grandes régions géographiques peut-on subdiviser la France? — A quelles régions correspond le bassin de la Manche, du golfe de Gascogne, de la mer du Nord? — Quel est l'aspect général du

(1) Outre les leçons consacrées à la description des provinces et des grandes villes de chaque bassin, deux leçons devront être réservées pour la révision de la géographie politique (départements et leurs chefs-lieux. Concordance des départements et des provinces).

bassin du Rhône? de celui de la Seine, etc.? — Quelles sont les grandes villes de la région du Midi, de l'Ouest, du Nord, etc.? — (Voir pour la réponse la description particulière du bassin.)

Exercices.

Montrer, sur une carte muette de la France, la situation des anciens gouvernements de provinces.
Indiquer la position des anciennes capitales.
Indiquer la situation des chefs-lieux de départements.

CHAPITRE VII

POPULATION. GOUVERNEMENT. NOTIONS DE GÉOGRAPHIE AGRICOLE, INDUSTRIELLE ET COMMERCIALE.

I

Population de la France. — La population de la France, qui dépassait, en 1870, 38 millions d'habitants, avait été réduite, par les traités de 1871, à 36 millions : elle est aujourd'hui de plus de 38, ce qui suppose une moyenne de 72 habitants par kilomètre carré; mais tandis que dans la région du nord et du nord-ouest, et dans une partie du nord-est, la population dépasse la moyenne, elle est au-dessous dans tout le reste de la France, sauf quelques départements qui doivent à leurs grandes villes une moyenne plus élevée. Les départements les moins peuplés sont les Hautes et Basses-Alpes et la Lozère.

La France ne possède que onze villes où la population dépasse 100,000 âmes. Paris (2,345,000 habitants); Lyon (402,000); Marseille (376,000); Bordeaux (240,000); Lille (190,000); Toulouse (148,000); Nantes (127,000); Saint-Étienne (118,000); le Havre (112,000); Rouen (107,000) et Roubaix (100,000).

Langues. — Sauf la Basse-Bretagne où subsistent les vestiges de l'ancienne langue des Celtes ou Gaulois, le Béarn, où les Basques ont conservé leur dialecte national, la Corse et le comté de Nice où une partie de la population parle l'italien, la seule langue parlée aujourd'hui en France est le français; mais dans un grand nombre de provinces, surtout dans le Midi, existent encore des *patois* dont quelques-uns ont été de véritables langues, et qui sont les témoignages des transformations que le français a subies avant d'arriver à sa forme moderne.

Gouvernement. — Le gouvernement de la France est une république où le pouvoir de faire les lois appartient

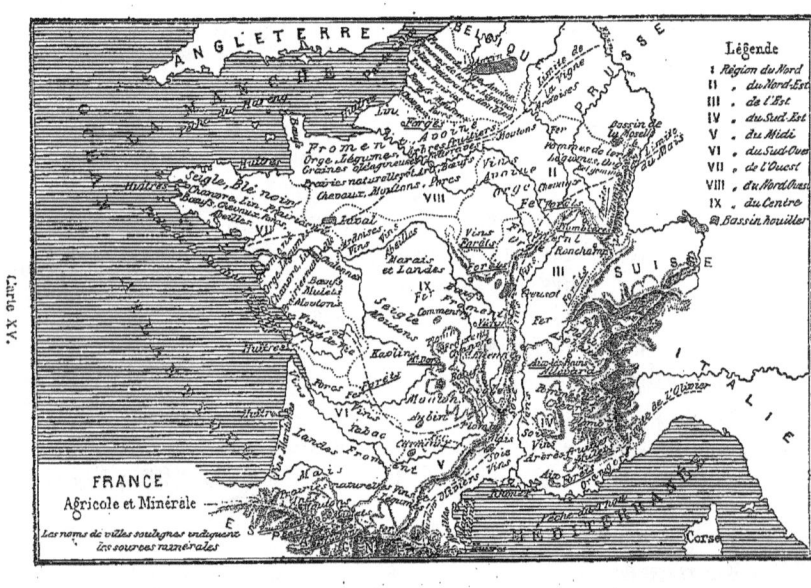

à un *Sénat* et à une *Chambre des Députés* élue par tous les Français ; celui de les faire exécuter à un *Président* nommé pour sept ans par les deux assemblées et à des *Ministres* choisis par le Président.

II

Géographie agricole.

Climat. Productions agricoles. — La France, située tout entière dans la zone tempérée, ne connaît ni les froids excessifs qui engourdissent la végétation, ni les chaleurs brûlantes qui la dessèchent ; cependant, grâce à l'étendue du territoire et aux expositions diverses, rien n'est moins uniforme que le climat de notre pays, qui résume pour ainsi dire tous les climats européens, et qui se prête aux cultures les plus variées.

Les productions du sol se divisent en deux grandes classes : les produits cultivés et les produits naturels. Les produits cultivés sont ceux que l'on sème et que l'on récolte dans les terres labourées, et les arbres et arbustes qui, sans les soins de l'homme, ne produiraient rien, ou ne donneraient que des fruits sauvages. Les produits naturels sont les arbres des forêts et les herbes qui poussent sans culture dans les pâturages et dans les prairies. Enfin, on doit considérer comme un produit de l'agriculture les animaux domestiques élevés dans nos campagnes, et qui ne sont pas la moindre richesse de notre pays.

Régions agricoles. — On pourrait diviser le territoire français en neuf grandes régions agricoles :

1° Celle du *nord* (Flandre, Artois, Picardie, département de l'Aisne), est une plaine fertile et admirablement cultivée, au climat humide et brumeux, où la vigne ne mûrit pas et où la bière remplace le vin, mais qui produit en abondance le blé, l'avoine, la betterave d'où l'on extrait le sucre, les plantes d'où l'on extrait l'huile (colza, œillette ou pavot noir, etc.), les plantes fourragères, telles que le sainfoin, le trèfle, la luzerne. Elle nourrit des chevaux robustes, des races de bestiaux renommées pour leur lait et leur viande et un grand nombre de volailles.

2° Celle du *nord-ouest* (Ile-de-France, Normandie) est une région plus accidentée, au climat plus doux, plus boisée que la précédente, moins riche en cultures industrielles, mais qui possède sur le littoral de la Manche les plus beaux herbages de France et qui nourrit les magnifiques bestiaux du Cotentin, de bons chevaux de selle et d'attelage, des races de moutons renommées pour la finesse de leur laine et la bonne qualité de leur viande. En Normandie, la pomme à cidre remplace la vigne qui ne mûrit pas sur le littoral.

3° Celle de l'*ouest* (Maine, Anjou, Bretagne, Poitou, Aunis et Saintonge, Angoumois), en grande partie formée de terrains granitiques, au climat humide sur le littoral, plus sec et plus chaud dans l'intérieur, est moins bien cultivée que les précédentes. Elle est riche cependant en herbages et en pâturages, qui nourrissent d'excellentes vaches laitières, de bons chevaux d'attelage, des mulets et de nombreux moutons. L'éducation du porc et de la volaille y est aussi très-répandue. Elle renferme enfin une de nos principales régions de vignobles dont les produits servent à fabriquer les fameuses eaux-de-vie de *Cognac* (Angoumois, Aunis et Saintonge).

4° Celle du *sud-ouest* (Guienne et Gascogne, Béarn), dominée au nord et au nord-est par le plateau central, au sud par les Pyrénées, au climat doux et humide sur le littoral, inégal dans l'intérieur, cultive peu de plantes industrielles, mais elle est riche en vins, en froment, en maïs, et nourrit des moutons et des chevaux de selle (Gascogne). Elle renferme un véritable steppe, les landes transformées par les plantations de pins maritimes.

Fig. VII. — Maïs (la longueur de la tige est de 0^m,60 à 2 m.; celle de l'épi de 0^m,10 à 0^m,20).

5° Celle du *midi* (comté de Foix, Languedoc et Roussillon), sillonnée par les rameaux des Pyrénées et des Cévennes, fertile dans la plaine et sur le littoral, âpre et stérile sur les hauts plateaux, cultive peu les céréales, mais elle est enrichie par la culture de la vigne, des arbres fruitiers, du mûrier et par l'éducation du ver à soie et des abeilles.

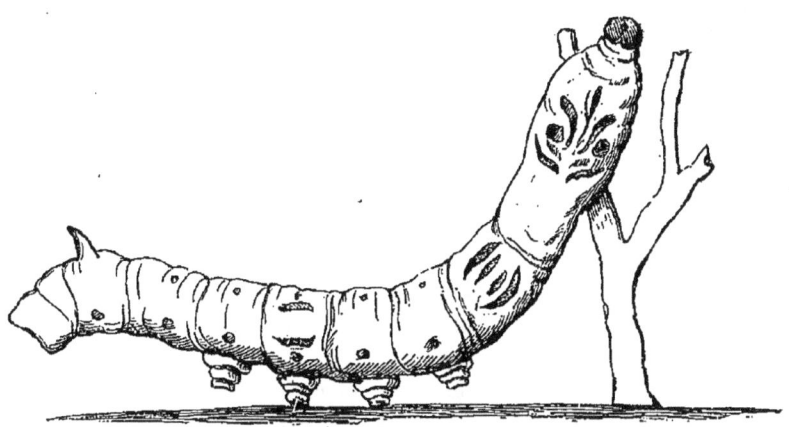

Fig. VIII. — Ver à soie (grandeur naturelle).

6° Celle du *sud-est* (Provence, Nice, Comtat-Venaissin, Dauphiné), sillonnée par les contre-forts des Alpes, au climat sec et chaud dans les parties basses, est pauvre en céréales et en prairies, mais produit en abondance la vigne, l'olivier, le mûrier, les arbres fruitiers, surtout dans la zone méridionale.

7° Celle de l'*est* (Savoie, Lyonnais, Bourgogne, Franche-Comté), couverte par les rameaux des Alpes, du Jura et des Cévennes, boisée dans les parties élevées, cultive le froment dans les vallées, la vigne sur le penchant des coteaux. Elle élève un grand nombre de chevaux, de moutons et de porcs.

Fig. IX. — Houblon.

8° Celle du *nord-est* (Champagne et Lorraine), dominée

à l'est par les pentes boisées des Vosges, en partie formée de plateaux au sol crayeux, est assez pauvre en céréales, sauf l'avoine, mais riche en vignes, en plantations de houblon, de pommes de terre et en forêts. Les moutons et les chevaux y sont nombreux.

9° Celle du *centre* (Touraine, Orléanais, Berry, Nivernais, Bourbonnais, Auvergne, Marche, Limousin), est dominée par le massif central dont les pentes sont couvertes de forêts de châtaigniers; le sol est stérile sur les hauts plateaux où on cultive surtout le seigle et la pomme de terre, et où paissent de nombreux troupeaux de moutons, et des bœufs médiocres pour la boucherie mais excellents pour le travail. Le terrain marécageux dans les plaines de la Sologne et de la Brenne, est plus fertile dans la vallée de la Loire, et sur les plateaux peu élevés qui longent la rive droite du fleuve où réussissent le froment, la vigne et les arbres fruitiers.

Sur 52 millions d'hectares, les landes, les bruyères, les marécages, en un mot les terres incultes n'en occupent guère que 5 millions (Landes, Corse, Basses-Alpes, Morbihan, etc.).

III

Géographie industrielle.

Mines et carrières. — L'exploitation de nos mines et de nos carrières d'où l'on extrait les métaux et les minéraux, est moins favorisée que notre agriculture. Nos mines de **houille** des départements de la Loire (*Saint-Etienne*), de Saône-et-Loire (*Le Creusot*), de l'Allier, de la Creuse, de l'Aveyron, du Tarn, du Gard, groupées autour du massif central; celles du Nord (*Anzin*, près de Valenciennes), du Pas-de-Calais, bien qu'elles fournissent 30 millions de tonnes métriques, ne suffisent pas à la consommation.

La région de l'est, celle du nord-est (Haute-Marne), celle du centre (Cher), et celle du midi (Ariége) sont riches en mines de **fer**; l'Auvergne exploite des mines de **plomb**; mais les autres métaux sont peu abondants.

Les carrières de *pierres* de la région du nord-ouest, du nord-est et du centre; les *marbres* des Alpes et des Pyrénées; les *ardoises* (Ardennes, Maine-et-Loire, Finistère); les terres à briques, à poterie et à porcelaine; les sources d'eaux minérales du midi, du centre, du sud-est et de l'est; les marais salants des côtes de l'ouest et du midi, d'où l'on tire le sel marin, les mines de sel ou les sources salines de la région des Vosges, des Pyrénées et du Jura, sont au contraire d'une grande richesse.

Industries manufacturières. — On appelle industries manufacturières celles qui mettent en œuvre les matières brutes fournies par l'agriculture et par les industries extractives. Elles ont fait en France d'immenses progrès, qui sont dus surtout à l'emploi des machines, et en particulier des machines à vapeur, dont le travail représente aujourd'hui celui que pourraient accomplir les bras de 25 millions d'hommes.

Régions industrielles. — On peut diviser la France en régions industrielles qui correspondent à peu près aux régions agricoles.

1° Celle du **nord**, riche en mines de houille travaille le fer (Lille et tout le département du Nord), fabrique la toile, les étoffes de laine, de coton (Roubaix, Tourcoing, Amiens), le sucre de betterave.

2° Celle du **nord-ouest** file et tisse le coton (Rouen, Saint-Quentin) et la laine (Eure, Seine-Inférieure), fabrique les dentelles (Calvados), les tapisseries (Beauvais), les glaces (Aisne), et grâce à l'industrie parisienne fournit au monde entier les produits de luxe, tels que la bijouterie, les meubles précieux, les articles de toilette, et ceux qui répondent aux besoins de l'intelligence, comme les livres, les instruments de musique, les gravures, etc.

3° La région du **nord-est** rivalise pour la fabrication des étoffes de laine (Reims) avec celle du nord, et n'a pas d'égale pour ses cristaux et ses broderies (Meurthe-et-Moselle).

4° Celle de l'**est** renferme nos forges les plus puissantes (Le Creusot dans le département de Saône-et-Loire, Saint-Étienne, etc.), nos plus grandes fabriques de soieries (Lyon), de rubans (Saint-Étienne), d'horlogerie (Besançon).

Au contraire, les régions du sud-est, du sud, du sud-ouest, de l'ouest et du centre ne comptent qu'un petit nombre de grandes villes industrielles, telles que *Limoges* avec ses porcelaines, *Marseille* avec ses moulins à vapeur et ses fabriques de savons et de bougies, *Nantes* avec ses conserves de légumes, de viande et de poisson (sardines).

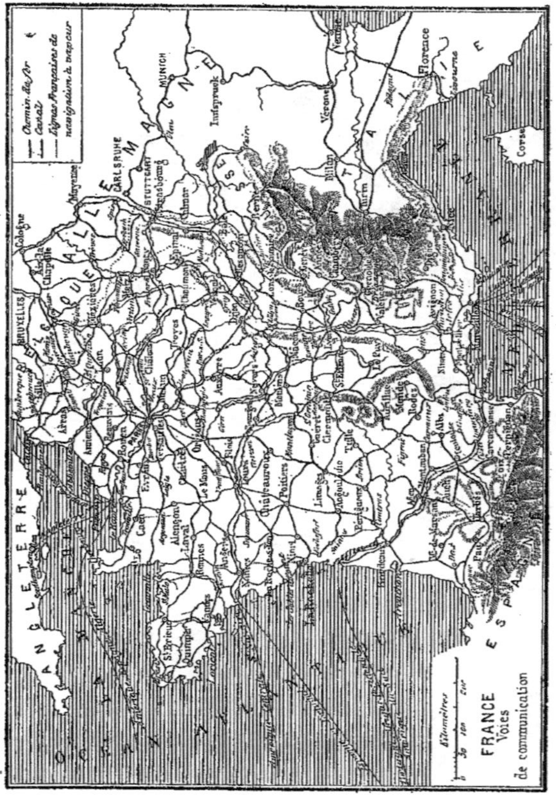
FRANCE
Voies
de communication
Kilomètres
Chemin de fer
Canal
Lignes Françaises de navigation à vapeur
ANGLETERRE
BRUXELLES
Cologne
CARLSRUHE
STUTTGART
MUNICH
Innspruck
Vérone
Venise
Milan
Turin
Florence
Corse
Bordeaux
Nantes
Rennes
Caen
Rouen
Amiens
Arras
Lille
Limoges
Poitiers
Châteauroux
Tours
Le Mans
Laval
Alençon
Evreux
Versailles
Melun
Orléans
Blois
Troyes
Dijon
Auxerre
Nevers
Moulins
Mâcon
Lyon
St Etienne
Le Puy
Valence
Grenoble
Chambéry
Avignon
Nîmes
Montpellier
Marseille
Nice
Toulouse
Carcassonne
Perpignan
Montauban
Agen
Auch
Pau
Tarbes
Albi
Rodez
Mende
Aurillac
Tulle
Périgueux
Angoulême
Guéret
Clermont
La Rochelle
Niort
St Brieuc
Quimper
Vannes
Angers
Chartres
Châlons
Laon
Metz
Nancy
Épinal
Colmar
Strasbourg
Besançon
Bourg
Chaumont
Lons-le-Saunier
Mézières
Mayence
Aix-la-Chapelle
Arcachon
Mt-de-Marsan
Dax

Carte XVI.

IV
Géographie commerciale.

Voies de communication. — Des moyens de transport et de communication faciles, rapides et peu coûteux sont une des conditions indispensables de la prospérité de l'agriculture et de l'industrie. Les voies de communication sont :

I. Les **fleuves et rivières** (près de 8,000 kilomètres navigables en France).

II. Les **canaux** (5,000 kilomètres en France), dont les principaux sont : le *canal de l'Est*, qui unit la Saône à la Moselle ; le *canal du Rhône au Rhin*, qui unit la Saône au Rhin en passant par la trouée de Belfort ; le *canal du Centre*, qui unit la Saône à la Loire en franchissant les Cévennes ; le *canal de Bourgogne*, qui unit la Saône à la Seine par l'Yonne en franchissant la côte d'Or ; les canaux de *Briare*, d'*Orléans* et de *Montargis*, qui unissent la Loire à la Seine à travers les plateaux de l'Orléanais ; les canaux de *Saint-Quentin*, de la *Somme*, etc., qui unissent la Seine aux bassins de la Somme et de l'Escaut ; le canal des *Ardennes*, qui unit la Seine à la Meuse par la Marne et par l'Aisne en traversant l'Argonne ; le canal de la *Marne au Rhin*, qui franchit les Vosges ; le canal du *Midi*, qui unit la Garonne à la Méditerranée en passant par le col de Naurouse entre les Corbières et les Cévennes méridionales.

Outre ces canaux qui établissent la communication entre des versants ou des bassins différents, d'autres suppléent à la navigation insuffisante des fleuves ou des rivières ; quelques-uns épargnent aux marchandises les dangers ou les retards d'une traversée maritime, comme le système des canaux de Bretagne (*canal de Nantes à Brest*, *canal d'Ille-et-Rance*, entre Rennes et Saint-Malo), ou servent de débouchés à de grandes exploitations industrielles ou agricoles, comme le système des *canaux de la Flandre*, celui des *canaux de Paris* (canal de l'Ourcq, canal Saint-Denis, etc.).

III. Les **routes** *nationales* sont construites et entretenues par l'Etat, les *routes départementales* par les départements, et les *chemins vicinaux* par les communes.

IV. Les **chemins de fer** comptent 35,000 kil. exploités.

Les lignes principales sont : celles du **Nord**, de Paris à la Manche et au pas de Calais par Amiens, Boulogne et Calais, et de Paris à la frontière de Belgique.

Celles de l'**Est**, de Paris à la frontière d'Allemagne et de Suisse par Châlons-sur-Marne et Nancy, et par Troyes et Belfort.

Celles du **Sud-Est**, de Paris à la Méditerranée, par Lyon, Marseille et Nice, avec des embranchements qui aboutissent à la frontière suisse et à la frontière d'Italie (tunnel du mont Cenis).

Celles du **Centre** : 1° de Paris à Lyon par Nevers ; 2° de Paris à Marseille, Clermont-Ferrand, Nîmes et Arles, avec des embranchements qui se prolongent jusqu'à Toulouse au sud et jusqu'à Saint-Etienne à l'est ; 3° de Paris à Toulouse par Limoges, avec des embranchements qui sillonnent tout le centre de la France.

Celles du **Sud-Ouest**, de Paris à Bordeaux, avec des embranchements qui viennent aboutir aux principaux ports de l'Atlantique (Brest, Nantes, La Rochelle).

Celles du **Midi** : 1° de Bordeaux à la frontière d'Espagne par Bayonne ; 2° de Bordeaux à la Méditerranée par Toulouse.

Celles de l'**Ouest** : 1° de Paris au Havre par Rouen ; 2° de Paris à Cherbourg par Caen ; 3° de Paris à Brest par Rennes.

V. Les **Lignes de navigation** maritime aboutissent à nos principaux ports de commerce, *Cette, Marseille*, sur la Méditerranée, notre premier port français, entrepôt du commerce de la France avec l'Europe méridionale, l'Afrique septentrionale et l'Asie ; *Bordeaux, Nantes* et *Saint-Nazaire*, sur l'océan Atlantique, qui sont surtout en relations avec l'Afrique, l'Amérique centrale et méridionale ; le *Havre, Dieppe*, sur la Manche, débouchés de notre commerce avec l'Amérique septentrionale et le nord de l'Europe ; *Boulogne, Calais, Dunkerque*, sur la mer du Nord, en relations avec l'Angleterre.

VI. Les **Lignes télégraphiques**, mettent la France en communication presque instantanée avec tous les points du globe.

RÉSUMÉ.

DIX-NEUVIÈME LEÇON.

Population : La France a 38 millions d'habitants ; 72 par kilomètre carré.

Gouvernement. — La forme du gouvernement est une république ; le pouvoir exécutif appartient à un *président* et à des *ministres* et le pouvoir législatif à un *Sénat* et à une *Chambre des Députés* nommée par le suffrage universel.

GÉOGRAPHIE AGRICOLE. (RÉSUMÉ.)

Agriculture.

La France peut se diviser en neuf régions agricoles.

Les principales cultures sont : 1° CULTURES ALIMENTAIRES DESTINÉES A LA NOURRITURE DE L'HOMME ET DES ANIMAUX. — *Froment* (régions du nord, et du nord-ouest); *seigle* (régions du centre et de l'ouest); *maïs* (régions du midi et du sud-ouest) ; *avoine* (région du nord, Ile-de-France) ; *pommes de terres* (régions du nord-est, de l'est et du nord) ; *prairies artificielles* (régions du nord et du nord-ouest).

2° CULTURES INDUSTRIELLES. — *Betteraves* (région du nord); *houblon* (id.) ; *plantes oléagineuses* (Normandie, région du nord) *lin* (région du nord) et *chanvre* (Touraine); *tabac*.

3° LES ARBRES ET ARBUSTES. — *Vignes* (Charentes, Bordelais, Languedoc, vallée du Rhône, Bourgogne, Champagne) ; *arbres fruitiers* (Normandie, Auvergne, régions du sud et du sud-est); *forêts* (régions des Vosges, des Cévennes, du Jura, des Alpes, Landes et Provence).

4° Les PRAIRIES NATURELLES (foins) qui servent à l'alimentation du bétail (Normandie, Anjou).

Les principales RACES DOMESTIQUES sont : 1° les *races bovines* (Normandie, Nivernais, Anjou, Bretagne, Flandre, Auvergne) ; 2° *les moutons* (régions du nord-ouest et du nord-est, plateau central, Provence) ; 3° les *chevaux* (régions du nord, du nord-est, du nord-ouest et de l'ouest) ; 4° les *mulets* (Poitou) 5° les *porcs* (Bretagne, Artois, Bourgogne) ; 6° la *volaille* (Maine, Normandie, région du nord) ; 7° les *vers à soie* (régions du midi et du sud-est); 8° les *abeilles* (midi et sud-ouest).

VINGTIÈME LEÇON.

Industrie.

MINES ET CARRIÈRES. — La France possède des mines de *houille* qui produisent 30 millions de tonnes (Nord, Pas-de-Calais, Loire, Saône-et-Loire, Allier, Gard, Aveyron); des mines de *fer* et de *plomb*.

Les marbres, la pierre, l'ardoise, la terre à briques et à porcelaine, les sources minérales, les salines se rencontrent en abondance.

Les INDUSTRIES MANUFACTURIÈRES ont leurs principaux centres dans les régions du nord (Lille, Roubaix, Amiens, Saint-Quentin), du nord-ouest (Paris, Rouen), du nord-est (Reims, Nancy), et de l'est (Lyon, Saint-Etienne, Le Creusot).

VINGT ET UNIÈME LEÇON.
Voies de communication.

Les voies de communication sont :

1° Les FLEUVES *et rivières navigables* ;

2° Les CANAUX (5,000 kilomètres), dont les plus importants sont le *canal du Midi*, entre la Garonne et la Méditerranée, le *canal du Centre*, entre la Saône et la Loire, le *canal de Bourgogne*, entre la Saône et l'Yonne, le *canal du Rhône au Rhin* par la Saône, et le *canal de l'Est*, entre la Saône et la Moselle, qui font communiquer les deux versants de l'Atlantique et de la Méditerranée ; *ceux de Briare et d'Orléans*, entre la Loire et la Seine ; de la *Marne au Rhin* ; des *Ardennes*, entre l'Aisne et la Meuse, de *Saint-Quentin*, entre l'Oise, la Somme et l'Escaut, qui font communiquer nos grands bassins fluviaux ;

3° Les ROUTES *nationales*, *départementales* et les *chemins vicinaux* ;

4° Les CHEMINS DE FER (35,000 kilomètres), qui se divisent en 7 grands réseaux, dont Paris est le centre : 1° celui du *Nord*, qui établit les communications avec la Belgique, l'Europe septentrionale et les ports de la mer du Nord et du pas de Calais ; 2° celui du *Nord-Est*, qui communique avec l'Allemagne, l'Europe centrale et la Suisse ; 3° celui du *Sud-Est*, qui communique avec la Suisse, l'Italie et les ports de la Méditerranée ; 4° celui du *Midi*, qui communique avec l'Espagne et rattache les ports du golfe de Gascogne à ceux de la Méditerranée ; 5° celui du *Sud-Ouest*, qui communique avec les ports du golfe de Gascogne et se rattache au réseau du Midi ; 6° celui de l'*Ouest*, qui communique avec les ports de l'Atlantique et de la Manche ; 7° celui du *Centre*, qui relie tous les autres et sillonne la région centrale de la France.

5° Les lignes de navigation maritime qui aboutissent à nos principaux ports de commerce, *Dunkerque*, *Calais* et *Boulogne* sur la mer du Nord et le pas de Calais, *Dieppe*, *le Havre* sur la Manche, *Saint-Nazaire*, *Nantes*, *Bordeaux* sur l'Atlantique, *Cette*, *Marseille* sur la Méditerranée.

6° Les LIGNES TÉLÉGRAPHIQUES.

Questionnaire.

Quel est le climat de la France ? — En combien de grandes régions agricoles peut-on diviser la France ? — Quel est le caractère particulier de chacune de ces régions ? — Quelles sont les cultures les plus importantes ? — Indiquer pour chacune d'elles les principaux centres de production. — Quelles sont en France les principales races d'animaux domestiques ? — Indiquer pour chacune d'elles les pays d'élevage. — Quels sont les principaux départements qui exploitent la houille ? — Quels sont les métaux les plus exploités en France ? — Quels sont les lieux de production du sel ? — Qu'entend-on par industries manufacturières ? — Quelles sont les régions industrielles les plus importantes ? — Quelles sont les grandes industries de la région du Nord ? — Quelles sont les voies de communication ? — Quelle est l'importance des canaux ? — Nommer les canaux qui établissent la communication entre le versant de l'Atlantique et celui de la Méditerranée. — Nommer ceux qui font communiquer le bassin de la Loire avec celui de la Seine, etc. — Quelle route prendrait-on pour aller par eau de Nantes à Lyon, — du Havre à Nancy ? — Quelles sont les principales lignes de chemins de fer français ? — Avec quels pays nous mettent-elles en relations ? — Quels sont les fleuves que l'on traverse pour se rendre en chemin de fer de Paris à Bayonne ? — Quels sont nos grands ports de commerce ?

Exercices.

Tracer sur une carte de France les limites approximatives des grandes zones de culture (limite de la vigne, de l'olivier, du mûrier)
Tracer les principaux canaux.
Tracer la carte des chemins de fer (grandes lignes).

CHAPITRE VIII

VINGT-DEUXIÈME LEÇON.

COLONIES FRANÇAISES.

On donne le nom de colonies françaises aux possessions de la France hors de l'Europe.

I

Les colonies sont, en **Afrique** : 1° l'**Algérie**, contrée un peu plus grande que la France, bornée au nord par la Méditerranée : à l'est et à l'ouest par des pays musulmans, le *Maroc* et la *Tunisie* placée depuis 1881 sous notre protectorat ; au sud, par une région déserte et sablonneuse qui porte le nom de *Sahara*.

L'Algérie est sillonnée par les rameaux d'une grande chaîne de montagnes, l'*Atlas*, et se divise en trois régions naturelles : celle du *littoral*, que les indigènes appellent le *Tell*, et qui produit en abondance, dans les plaines, le froment, les légumes, la vigne, l'olivier, les orangers, tandis que les montagnes sont couronnées de forêts de chênes-lièges; celle des *plateaux*, couverte de pâturages où paissent de nombreux troupeaux de bœufs, de moutons et de chevaux;

Fig. X. — Vue panoramique d'Alger et de la rade.

et celle du *Sahara*, sablonneuse ou pierreuse, semée d'oasis où pousse le palmier-dattier, et où le dromadaire est le

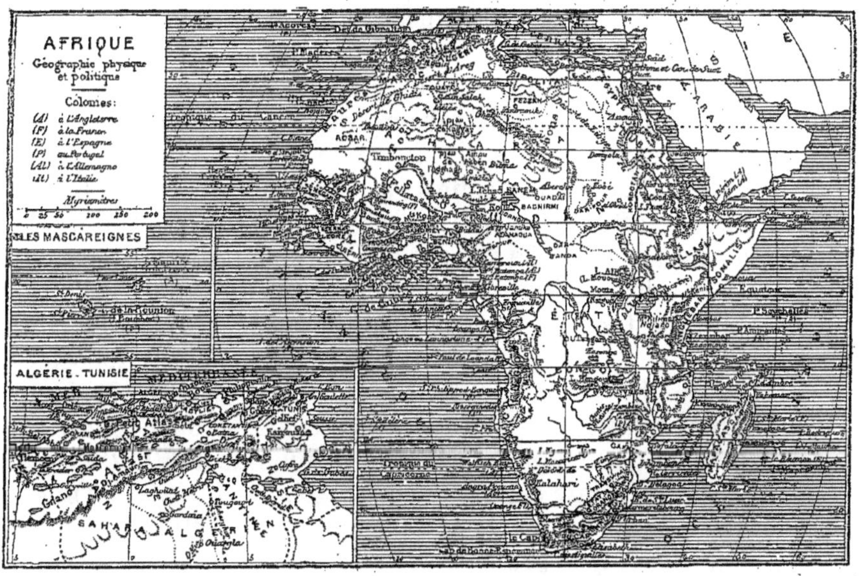
AFRIQUE
Géographie physique et politique
Colonies:
(A) à l'Angleterre
(F) à la France
(E) à l'Espagne
(P) au Portugal
(Al) à l'Allemagne
(It) à l'Italie
Myriamètres
0 25 50 100 150 200
ILES MASCAREIGNES
ALGÉRIE . TUNISIE
Tropique du Cancer
Tropique du Capricorne
Timbouctou
Kalahari
Equateur
ARABIE
SAHARA ALGÉRIEN

Carte XVII.

principal animal domestique. Les cours d'eau sont rares et desséchés en été.

La population ne dépasse guère 3,900,000 habitants, dont près de 500,000 Européens chrétiens, et le reste *Arabes*, nomades ou sédentaires, et *Kabyles* ou *Berbères*, tous musulmans, et parlant la langue arabe ou des dialectes berbères.

L'Algérie se divise en trois provinces qui portent le nom de leurs chefs-lieux : *Oran* (70,000 hab.), à l'ouest, port sur la Méditerranée; *Alger* (80,000 hab.), au centre, résidence du gouvernement de l'Algérie, le meilleur port de la colonie, et *Constantine* (45,000 hab.), à l'est, sur les plateaux : *Philippeville* et *Bône* sont les principaux ports de cette dernière province.

Le territoire habité par les Européens forme trois départements administrés comme en France, et qui ont pour chefs-lieux les capitales des trois provinces. Le territoire habité par les indigènes est soumis à l'administration militaire.

Depuis 1881, la Tunisie, située à l'est de l'Algérie et bornée au sud par le Sahara et la Tripolitaine, à l'est et au nord par la Méditerranée, à l'ouest par la province de Constantine, est soumise au protectorat de la France. Le climat et les productions sont à peu près les mêmes que ceux de l'Algérie. La superficie est environ cinq fois moins considérable, mais la population, de race arabe ou berbère et de religion musulmane, est évaluée à plus de 1,500,000 habitants. La capitale est *Tunis*, avec le port de *la Goulette* sur la Méditerranée, non loin de l'ancienne Carthage (150,000 habitants). Les principales villes sont *Bizerte*, *Sousse* et *Gabès* sur la Méditerranée, *Kairouan* dans l'intérieur.

2° La colonie française du **Sénégal**, située sur la côte occidentale de l'Afrique, occupe la vallée d'un grand fleuve qui se jette dans l'Atlantique, le *Sénégal*.

C'est un pays marécageux sur le littoral, dévoré par un soleil ardent et inondé par les pluies qui, dans ces régions, tombent périodiquement pendant plusieurs mois. Il produit surtout du coton, des fruits oléagineux, appelés arachides, et des gommes. La population est noire et en grande partie musulmane. La capitale est *Saint-Louis*, à l'embouchure du Sénégal; le principal port, *Dakar*, sur l'Atlantique. Nous occupons *Bamakou*, sur le haut Niger, et une partie du Soudan est soumise à l'influence française.

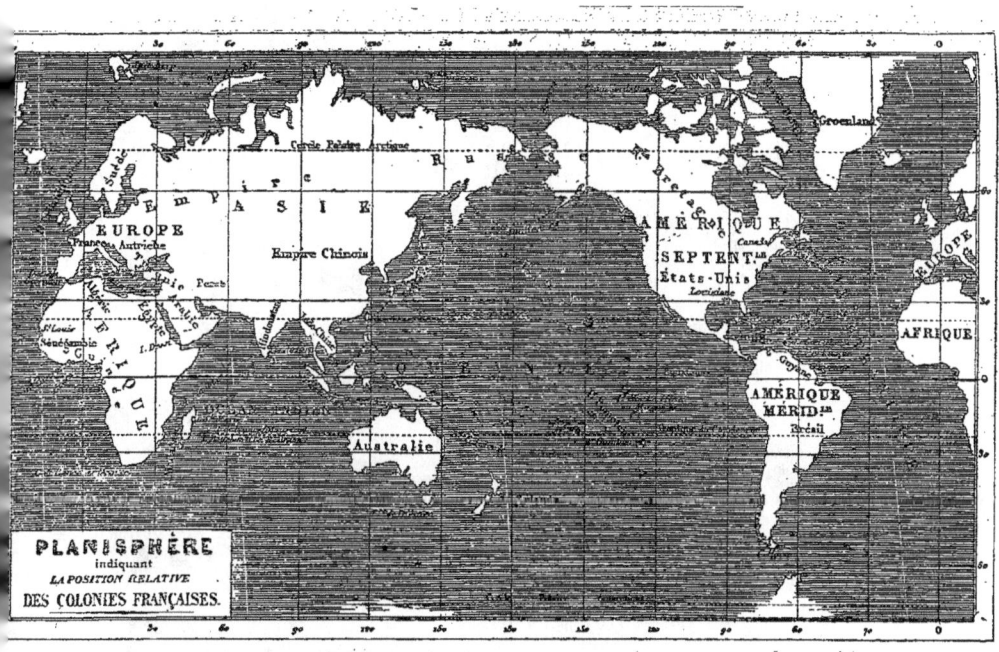

Carte XVIII.

3° La France occupe sur la côte occidentale d'Afrique au sud du Sénégal, sur le littoral d'une vaste contrée appelée Guinée, quelques comptoirs dont le plus important est

Fig. XI. — Vue de Saint-Louis (Sénégal).

Assinie. Nous avons également des établissements au nord du *Congo*, un des plus grands fleuves de l'Afrique (territoires du *Gabon* et du *Congo français*, environ 660,000 kilomètres carrés).

4° Dans l'océan Indien, à l'est de l'Afrique, nous possédons quelques petites îles, *Mayotte, Sainte-Marie*, voisines de la grande île de **Madagascar** (590,000 kilomètres carrés et 3,500,000 habitants), sur laquelle nous exerçons un protectorat reconnu en 1885. La capitale est *Tananarive*; les principaux ports, *Tamatave*, et *Diego-Suarez* qui appartient à la France. Nous exerçons également un droit de protectorat sur l'archipel des *Comores*, au nord-ouest de Madagascar. Notre principale colonie dans l'océan Indien est l'île de la **Réunion ou Bourbon** (170,000 habitants), capitale *Saint-Denis*, au sol volcanique et tourmenté, mais fertile. Sa richesse consiste en plantations de cannes à sucre et de café, cultivées par des nègres ou par des émigrants venus des Indes ou de la Chine.

Nous occupons, sur la côte orientale d'Afrique, le port d'*Obock* et celui de *Tadjoura*, importants par leur situation à l'entrée de la mer Rouge.

II

En **Asie**, la France ne conserve plus, des vastes possessions qu'elle y avait conquises, au XVII° et au XVIII° siècle, que quelques comptoirs sur l'océan Indien, dans le pays nommé **Indoustan**, et soumis aujourd'hui à la domination anglaise. *Pondichéry* est la capitale de nos possessions des Indes.

Nous avons occupé, de 1859 à 1867, dans le pays nommé **Indo-Chine**, à l'embouchure du fleuve *Meï-Kong*, plusieurs provinces qui forment le territoire de **Basse-Cochinchine**. Le sol est plat et marécageux, le climat chaud et humide. La principale production est le riz. La capitale est *Saigon*, la principale ville *Mytho*, sur un des bras du fleuve. La population est de plus de 1,800,000 indigènes de race jaune, professant la religion bouddhiste et parlant une langue qui offre beaucoup d'analogie avec celle des Chinois. La France exerce en outre un protectorat sur le royaume de **Cambodge** (1,200,000 hab.), situé au nord-ouest de la Basse-Cochinchine, sur le royaume d'**Annam**, capitale *Hué*, et sur le **Tonkin**, grande et fertile province, située au sud de la Chine (capitale *Hanoï*, sur le *fleuve Rouge*).

La population totale de l'Annam et du Tonkin est évaluée à quatorze ou quinze millions d'habitants.

III

En **Océanie**, nous possédons les archipels de **Taïti**, des îles *Marquises* ou *Nouka-Hiva*, et la **Nouvelle-Calédonie**, cap. *Nouméa*, grande île montagneuse, habitée par des sauvages de race noire, et destinée à servir de lieu de déportation. Quelques colons français se sont établis dans l'archipel indépendant des *Nouvelles-Hébrides*, au nord de la Nouvelle-Calédonie.

IV

Dans l'**Amérique du Nord**, la France possédait autrefois une importante colonie, le *Canada*, qui lui a été enlevée au xviii° siècle par l'Angleterre; il ne lui reste que les deux petites îles de *Saint-Pierre* et *Miquelon*, avec le droit de pêcher la morue sur le banc de Terre-Neuve.

Dans les *Antilles*, groupe d'îles situées dans l'océan Atlantique, entre l'Amérique du Nord et l'Amérique du Sud, nous n'avons plus que les deux îles de la **Martinique**, (175,000 habitants), capitale *Fort-de-France*, et de la **Guadeloupe** (190,000 habitants), capitale *Basse-Terre*, ville principale. *Pointe-à-Pitre*, avec quelques îles plus petites (*Marie-Galante, la Désirade, Saint-Barthélemy*, etc.), qui en dépendent. Le sol, volcanique et en général très accidenté, produit la canne à sucre, le café, le cacao. La majorité de la population est formée par les nègres, autrefois esclaves, mais aujourd'hui émancipés.

Dans l'**Amérique du Sud**, la **Guyane** française, capitale *Cayenne*, dans une île de l'Atlantique, est un vaste territoire, en partie couvert de forêts, insalubre, marécageux sur le littoral, et qui sert de lieu de déportation pour les criminels.

RÉSUMÉ

VINGT-TROISIÈME LEÇON.

Les principales colonies françaises sont :

1° En Afrique : l'**Algérie**, un peu plus grande que la France, divisée en trois provinces qui ont pour chefs-lieux : *Alger, Oran, Constantine* (près de 4 millions d'habitants).

Le *Sénégal*, cap. Saint-Louis; plusieurs comptoirs sur les côtes de la Guinée; les établissements du *Gabon* et du *Congo*;

l'île de la *Réunion*, ou Bourbon, cap. Saint-Denis, les îles de *Sainte-Marie-de-Madagascar*, *Mayotte*, et la baie de *Diégo-Suarez* dans l'île de *Madagascar*, baignée par l'océan Indien; le territoire d'*Obock*, à l'entrée de la mer Rouge.

2° En Asie : les comptoirs des Indes, cap. *Pondichéry*, et la *Basse-Cochinchine*, cap. *Saïgon*.

3° En Océanie : la *Nouvelle-Calédonie*, l'île de *Taïti* et les îles *Marquises*.

4° En Amérique : les petites îles de *Saint-Pierre* et *Miquelon* (Amérique du Nord); les îles de la *Guadeloupe*, cap. Basse-Terre; de la *Martinique*, cap. Fort-de-France, aux Antilles; et la *Guyane française*, cap. Cayenne (Amérique du Sud).

La France exerce un protectorat sur le royaume de *Cambodge*, sur le royaume d'*Annam*, sur la province du *Tonkin*, en Indo-Chine (population totale 16 millions d'hab.), sur *Madagascar* et les îles Comores dans l'océan Indien, sur une partie du Soudan, et sur la **Tunisie** (1,500,000 habitants), située au nord de l'Afrique, à l'est de l'Algérie. La capitale est *Tunis*, sur la Méditerranée.

Questionnaire.

Qu'entend-on par colonies ? — Quelles sont les colonies françaises en Afrique ? — Quelles sont les bornes et l'étendue de l'Algérie ? — Quelle est la principale chaîne de montagnes ? — En combien de régions naturelles divise-t-on l'Algérie ? — Quelles sont les productions de chacune d'elles ? — A quelles races appartient la population indigène ? — Quelle religion professe-t-elle ? — Quelles sont les divisions politiques et les villes les plus importantes de l'Algérie ? — Quelles sont les productions et le climat du Sénégal ? — Quelles sont les îles que nous possédons dans l'océan Indien ? — Quelles sont les colonies françaises en Asie, en Amérique, en Océanie ? — Indiquer les villes les plus importantes, les productions, la population. — Quelles sont les régions placées sous le protectorat français ?

Exercices.

Montrer, sur un globe terrestre, les colonies françaises et la route pour s'y rendre.

Tracer la carte de l'Algérie et de la Tunisie.

APPENDICE
L'ÉTUDE DU DÉPARTEMENT

AVERTISSEMENT

La dernière partie du cours de septième était consacrée autrefois à la géographie particulière du département. Bien qu'elle ait disparu des programmes, nous avons cru qu'il pouvait être utile de conserver cet appendice; mais cette étude doit, suivant nous, pour conserver un caractère pratique, rester toute locale. Elle appartient à l'initiative du professeur, c'est-à-dire de l'homme le mieux placé pour connaître les besoins et les aptitudes de ses auditeurs et le caractère du pays qu'il est chargé de décrire. Le meilleur livre classique pour l'étude du département, c'est celui que le maître fera lui-même en s'aidant de son expérience personnelle et des secours que lui fournissent les publications générales ou locales, les unes trop détaillées, les autres trop sèches, et qui, pour la plupart, ne sauraient être mises avec profit entre les mains des élèves de septième. Nous ne pouvons donc indiquer ici qu'une méthode et un exemple. Nous avons choisi un des départements les plus importants de la France, celui des Bouches-du-Rhône, où se trouvent réunis les principaux objets des études géographiques, accidents du littoral, grands cours d'eau, montagnes, villes de commerce et d'industrie, cultures variées, souvenirs historiques et monuments de l'antiquité.

Nous n'avons pas la prétention de le décrire d'une manière détaillée; nous nous contenterons de donner des résumés analogues à ceux que le professeur doit dicter à ses élèves pour fixer leurs souvenirs et servir de texte aux développements oraux. C'est une sorte de canevas qu'il est facile d'appliquer à l'étude de n'importe quelle partie de la France.

LE DÉPARTEMENT

(BOUCHES-DU-RHÔNE)

PREMIÈRE LEÇON. — NOTIONS GÉNÉRALES

Le nom du département. — Le département des **Bouches-du-Rhône** a été nommé ainsi parce qu'il renferme les embouchures du **Rhône**, un des plus grands fleuves qui se jettent dans la Méditerranée.

ÉTUDE DU DÉPARTEMENT. 103

Situation et limites. — Il est situé au sud de la France, et limité au midi par la Méditerranée (golfe du Lion), à l'ouest par la branche la plus occidentale du Rhône qui le sépare du département du Gard, au nord par la Durance, qui le sépare du département de Vaucluse, à l'est par le département du Var.

Superficie. — Il occupe une superficie de près de 5,105 kilomètres carrés (510,500 hectares), un peu moins de la centième partie de la superficie de la France.

Divisions administratives. — Avant 1790 il faisait partie du gouvernement de **Provence**. Il est divisé aujourd'hui en trois arrondissements : 1° au sud-est celui du chef-lieu, **Marseille** : 2° au nord et au centre celui d'*Aix* : 3° à l'ouest celui d'*Arles*.

Il comprend 29 *cantons* et 109 *communes*.

DEUXIÈME ET TROISIÈME LEÇONS. — LE LITTORAL, LES PORTS.

I

Le Delta du Rhône. — Les quatre bras du Rhône qui aboutissent à la Méditerranée sont de l'ouest à l'est le *Rhône-Vif*, le *Petit-Rhône*, le *Vieux-Rhône* et le *Grand-Rhône*. Depuis le *Grau neuf* (embouchure du Rhône-Vif), jusqu'au *Grau du Levant* (embouchure orientale du grand Rhône), le littoral de la *Petite* et de la *Grande Camargue* et de l'île du *Plan du Bourg*, est formé de terrains d'alluvion, bas, marécageux, entrecoupés d'étangs salés, qui communiquent avec la mer par des graus ou chenaux étroits. Entre le *Grau d'Orgon* (embouchure du Petit-Rhône), près du bourg des *Saintes-Maries* et le Vieux-Rhône, le rivage se creuse et forme le golfe de *Beauduc* : entre le Vieux-Rhône et le Grau du Levant il s'avance, au contraire, en saillie, grâce au limon déposé par le fleuve, dont le delta gagne, en un siècle, un kilomètre sur la mer.

Le golfe de Fos et l'étang de Berre. — A l'est des bouches du Grand-Rhône, entre le canal *Saint-Louis* et le cap *Couronne* s'enfonce le *golfe de Fos*, bordé de terres basses et sablonneuses. Sur la rive orientale du golfe s'ouvre un chenal étroit qui fait communiquer avec la mer l'étang de *Berre*, bassin de 15,000 hectares de superficie, profond de 4 à 10 mètres, et dont les rives sont dominées par des hauteurs rocheuses. Aux deux extrémités de ce chenal sont situés les ports de *Bouc*, sur le golfe de Fos, et de *Martigues* sur l'étang de Berre. Cet étang doit son nom à la ville de *Berre*, située sur la côte orientale.

II

La rade de Marseille. — Entre le cap *Couronne* et le cap *Croisette* s'ouvre le golfe de Marseille, dont la côte est élevée, bordée de rochers, et profondément découpée. Sur la rive orientale du golfe est situé le port de **Marseille**, dont la rade est protégée par les îles *Ratonneau*, *Pomègue* et le *château d'If*.

La côte orientale. La Ciotat. — Depuis le cap Croisette jusqu'à la limite du Var, la côte est élevée, découpée de nombreuses baies, appelées *calanques* et dont les principales sont celles de *Cassis* et de la *Ciotat*. Des îles rocheuses, l'île du *Planier* avec son phare, les îles *Maire, Jarros, Riou*, l'*île Verte* au sud du cap de l'*Aigle*, à l'entrée de la baie de la Ciotat, sont semées sur le littoral.

Le développement des côtes est d'environ 200 kilomètres. La profondeur de la mer peu considérable dans le voisinage du delta du Rhône, s'abaisse rapidement à plus de 200 mètres au pied des escarpements de la côte orientale.

QUATRIÈME ET CINQUIÈME LEÇONS. — RELIEF DU SOL.

I

Les trois quarts du département sont une région montagneuse ou accidentée : les parties plates situées à l'ouest et au centre sont l'île de *la Camargue* et la plaine de la *Crau*.

Les Montagnes. — Les principales chaînes de montagnes sont : 1° Au sud-est la *Sainte-Baume* qui appartient au département du Var, mais qui projette dans celui des Bouches-du-Rhône deux chaînons escarpés, la chaîne de *Roussargues* (point culminant le *Baou de Bretagne*, 1,043 mètres), sur la rive gauche de l'Huveaune, et la chaîne de *Gradule* le long du littoral.

2° Au sud, sur la rive droite de l'Huveaune, la chaîne de l'*Etoile*, prolongée entre l'étang de Berre et la mer par la chaîne de l'*Estaque* que traverse le tunnel de la *Nerthe* (chemin de fer de Paris à Marseille).

3° Au nord-est la chaîne dénudée de *Sainte-Victoire*, qui

ÉTUDE DU DÉPARTEMENT.

court de l'est à l'ouest entre la Durance et l'Arc (point culminant la *Croix de Sainte-Victoire*, 963 mètres).

4° Au nord la chaîne de la *Trévaresse*, où se trouvent le volcan éteint de *Beaulieu* et les grottes de *Calès* près de Lamanon (point culminant 520 mètres).

5° Au nord-ouest la chaîne des *Alpines*, entre la Durance, le canal de Craponne et le Rhône (point culminant le mont des *Aupies*, 492 mètres).

II

La Crau. — Au pied des Alpines, entre le canal de Craponne, l'étang de Berre et le delta du Rhône s'étend la plaine de la Crau (35,000 hectares), couverte de cailloux roulés et entrecoupée de marécages. Plus de la moitié de sa superficie est aujourd'hui cultivée.

La Camargue. — Entre les deux bras principaux du Rhône, le Petit-Rhône à l'ouest et le Grand-Rhône à l'est, s'étend une vaste plaine marécageuse, la *Camargue* (75,000 hectares), formée par les alluvions du fleuve. Des marais salants, de nombreux étangs, dont les principaux sont ceux du *Valcarès*, de *Malagroy*, de *Giraud*, des marécages couverts de roseaux occupent une partie de la superficie de la Camargue. Elle est divisée en plusieurs îles ou *Theys* par les bras du fleuve et les canaux ou roubines qui en dérivent : les principales de ces îles sont entre le Rhône-Vif et le Petit-Rhône, la *Petite-Camargue* presque couverte par les étangs : entre le Petit-Rhône et le Grand-Rhône la *Grande Camargue*, entre le Vieux-Rhône et le Grand-Rhône l'île du *Plan du Bourg*.

Région fiévreuse et presque déserte, la Camargue ne possède guère que 15,000 hectares de terres cultivées.

SIXIÈME ET SEPTIÈME LEÇONS. — FLEUVES, RIVIÈRES, CANAUX.

I

Le département des Bouches-du-Rhône est arrosé par deux grands cours d'eau, le Rhône et la Durance.

Le Rhône. — Le Rhône forme la limite occidentale du département depuis Tarascon. Il coule d'abord dans un lit unique, embarrassé d'îles et de bancs de sable : la pente n'est que de 21 centimètres par kilomètre. Un peu au-dessus d'Arles le fleuve se bifurque. La branche occidentale, le *Petit-Rhône*, ne représente que 14 % de la masse totale des eaux du Rhône. Elle se bifurque elle-même avant d'arriver à la mer ; le bras oriental conserve son nom : le bras occidental porte ceux de canal de *Sylveréal* et de *Rhône vif*.

La principale branche, le *Grand-Rhône*, qui a plusieurs fois changé de lit, verse à la mer 86 % des eaux du fleuve ; elle se divise également en deux bras, l'un sinueux et presque desséché, le *Bras-de-Fer* ou *Vieux-Rhône*, l'autre puissant mais peu profond, le Grand-Rhône, qui se jette à la mer par plusieurs embouchures. Toutes les bouches du Rhône emportent annuellement à la mer 54 milliards de mètres cubes d'eau, dix fois plus que la Loire, et près de 21 millions de mètres cubes de limon.

Canal Saint-Louis. — Les bouches du Rhône étant difficilement accessibles pour les gros navires : on a creusé du golfe de Fos au *port Saint-Louis* sur le Grand-Rhône, un canal long de 4,000 mètres qui permet d'arriver directement à la partie navigable du fleuve. Un autre canal moins large et moins profond, longe le Grand-Rhône (rive gauche) d'*Arles à Bouc*.

II

La Durance. — La Durance, affluent du Rhône, forme la limite septentrionale du département depuis son confluent avec le Verdon jusqu'à son confluent avec le Rhône : desséchée en été, inondant ses rives en hiver, elle n'est pas navigable. Ce sont les eaux empruntées à la Durance qui alimentent les principaux canaux d'irrigation du département : *Canal des Alpines*, *canal de Craponne* (68 kilomètres) et canal de *Marseille* qui traverse la vallée de l'Arc sur le magnifique aqueduc de *Roquefavour*.

Arc et Touloubre. — L'étang de Berre reçoit deux cours d'eau non navigables : l'**Arc**, qui prend sa source dans le Var et passe non loin l'Aix, et la **Touloubre** qui descend des monts de la Trévaresse, passe à 4 kilomètres au sud de Salon et se jette dans l'étang de Berre près de *Saint-Chamas*.

Huveaune. — Le seul fleuve côtier qui mérite une mention est l'*Huveaune* qui prend sa source dans le Var, passe à Roquevaire et à Aubagne et se jette dans la rade de Marseille au pied de la montagne de Notre-Dame de la Garde.

HUITIÈME LEÇON. — LES SOUVENIRS HISTORIQUES.

Époque primitive. — Le pays qui forme aujourd'hui le département des Bouches-du-Rhône était compris dans les limites de l'ancienne Gaule et habité par des peuples de race gauloise. Des commerçants d'origine phénicienne, et plus tard des colons d'origine grecque, les *Phocéens* vinrent s'établir sur le littoral où ces derniers élevèrent en 600 av. J.-C. la ville de *Massalia*, aujourd'hui *Marseille*, qui ne tarda pas à devenir la rivale de Carthage et l'une des plus puissantes cités de l'Occident.

Époque romaine. — Ce fut Marseille qui appela en Gaule les Romains pour l'aider à repousser les attaques des peuplades gauloises (154 av. J.-C.). Les Romains vainquirent ces barbares, s'emparèrent de leur territoire et y fondèrent la ville d'*Aix* (Aquæ Sextiæ). En 102 la nouvelle *Province* fut menacée par une invasion venue du Nord, celle des Cimbres et des Teutons, mais *Marius* les écrasa près d'Aix. Bientôt les villes se multiplièrent : *Arles* s'éleva sur le Rhône et la Provence devint un des principaux centres de la civilisation romaine, et plus tard un des foyers les plus actifs de la propagation de la foi chrétienne en occident.

Époque franque. — Quand les barbares germains renversèrent la domination romaine en Gaule, au commencement du Ve siècle après J.-C., la Provence, longtemps disputée entre les conquérants, finit par rester aux *Francs* comme le reste de la Gaule et suivit les destinées de l'empire franc.

Époque féodale. — A la fin du IXe siècle ap. J.-C. les gouverneurs de la Provence s'érigèrent en rois indépendants : en même temps les *Sarrasins*, venus d'Afrique et qui professaient le mahométisme, les *Hongrois*, peuple barbare venu de l'Asie, dévastaient le pays et y fondaient même des établissements. Le royaume de Provence se morcela en fiefs qui obéissaient à des souverains héréditaires, tandis que les grandes villes *Arles, Marseille* se gouvernaient elles-mêmes, et se donnaient des magistrats nommés *consuls*. Ce fut une des époques les plus brillantes de la civilisation provençale : mais en 1246 la dernière héritière de la Provence épousa un frère de Saint-Louis, *Charles d'Anjou*, qui plus tard conquit le royaume des Deux-Siciles et entraîna la Provence dans des guerres sanglantes en Italie. Le dernier des souverains **féo-**

daux de la Provence fut *René d'Anjou*, le protecteur des arts et des lettres, le bon roi René qui mourut en léguant ses États au roi de France Louis XI (1480).

Époque moderne. — Dès lors la Provence fit partie de la France, et Aix en devint la capitale. Sous François Ier Marseille repoussa glorieusement les armées du grand empereur d'Allemagne Charles-Quint : plus tard la Provence fut agitée comme le reste de la France par la lutte des protestants et des catholiques. Sous Louis XIV Marseille perdit le droit de nommer ses magistrats; sous Louis XV (1720-21) elle fut dépeuplée par une peste terrible pendant laquelle se signalèrent par leur courage l'évêque, Belsunce, le chevalier Roze, l'échevin Estelle; mais son commerce continua à grandir jusqu'au moment où les troubles de la Révolution (1793) et la guerre maritime contre l'Angleterre vinrent en suspendre le développement. La conquête de l'Algérie par les Français, et l'extension du commerce de l'Orient ont rendu à Marseille une prospérité qui la place au troisième rang parmi les villes de France et au premier parmi les ports de la Méditerranée.

NEUVIÈME LEÇON. — LES PERSONNAGES CÉLÈBRES.

Le département des Bouches-du-Rhône compte parmi ses enfants des célébrités de tout ordre.

Parmi les **navigateurs** : *Pythéas* (IVe siècle av. J.-C.), qui explora le premier les mers de l'Europe septentrionale; le bailli de *Suffren* (XVIIIe siècle ap. J.-C.), un de nos plus intrépides marins, *d'Entrecasteaux* (XVIIIe siècle), célèbre par ses voyages en Océanie.

Parmi les **artistes** : le grand sculpteur Pierre *Puget* (XVIIe siècle), le peintre *Vanloo* (XVIIIe siècle), et notre contemporain le musicien *Félicien David*.

Parmi les **savants** : l'ingénieur *Adam de Craponne* (XVIe siècle), le botaniste *Tournefort*, le naturaliste *Adanson* (XVIIIe siècle).

Parmi les **écrivains** : *Pétrone* (Ier siècle ap. J.-C.) et le prêtre *Salvien* (Ve siècle ap. J.-C.), écrivains latins; l'auteur de la généalogie des principales familles de France, *d'Hozier*, et le romancier *d'Urfé* (XVIIe siècle), le prédicateur *Mascaron* (XVIIe siècle); l'abbé *Barthélemy*, auteur du voyage du jeune Anacharsis en Grèce (XVIIIe siècle), le grammairien *Dumarsais* (id.), le moraliste *Vauvenargues* (id.), les historiens contemporains *Mignet* et *Thiers*, le romancier *Méry*, les poëtes *Mistral* et *Autran*.

ÉTUDE DU DÉPARTEMENT. 109

Parmi les noms illustres **dans l'Église** : le martyr *saint Victor* (IV° siècle ap. J.-C.) ; l'évêque de Narbonne, *saint Rustique*.

DIXIÈME LEÇON. — LES DIVISIONS ADMINISTRATIVES.
LA POPULATION.

Population. — Le département des Bouches-du-Rhône a pour chef-lieu Marseille (376,000 habitants). Il est divisé en trois arrondissements : celui de Marseille (416,341 hab.) ; celui d'Aix (105,859 hab.), et celui d'Arles (82,657 hab.). La population totale est de 604,857 habitants : 118 habitants par kilomètre carré.

Arrondissements et cantons. — L'arrondissement de **Marseille** comprend 18 communes et 11 cantons dont 8 pour Marseille.

Les chefs-lieux de canton sont : *Aubagne* (8,239 hab.), et *Roquevaire*, sur l'Huveaune ; *la Ciotat*, port sur la Méditerranée (10,689 hab.).

L'arrondissement d'**Aix** comprend 59 communes et 10 cantons dont 2 pour Aix.

Les chefs-lieux de canton sont *Berre*, sur l'étang de Berre ; *Gardanne*, au sud d'Aix ; *Istres*, sur l'étang de Berre ; *Lambesc*, au pied des monts de la Trévaresse ; *Martigues* (6,494 h.), à l'entrée de l'étang de Berre ; *Peyrolles*, près de la Durance ; *Salon* (8,598 hab.), sur le canal des Alpines, et *Trets*, à l'est du département.

L'arrondissement d'**Arles** comprend 32 communes et 8 cantons dont 2 pour Arles. Les chefs-lieux de canton sont *Châteaurenard* au nord du département (5,934 hab.), *Eyguières*, au pied des Alpines ; *Orgon*, sur la Durance ; *Saintes-Maries*, dans la Camargue ; *Saint-Remy* (5,815 hab.), au pied des Alpines, et *Tarascon* (9,314 hab.), sur le Rhône.

Le département des Bouches-du-Rhône est divisé en deux diocèses, l'*archevêché* d'Aix et l'*évêché* de Marseille. Il dépend de la *cour d'appel* d'Aix, de l'*académie* d'Aix, et du 15° *corps d'armée* (chef-lieu Marseille).

ONZIÈME LEÇON. — LES GRANDES VILLES. LES MONUMENTS.

Les principales villes du département sont : 1° **Marseille** (376,143 hab.), qui ne le cède qu'à Paris (2,345,000 hab.), et à Lyon (402,000 hab.), par sa population. Marseille est le chef-lieu du département, de la 9° division militaire, du 15° corps d'armée et le siége d'un évêché.

Fondée par les Phocéens 600 ans avant Jésus-Christ, Marseille a toujours été la première ville de Provence et l'un des premiers ports de la Méditerranée. Elle est le principal débouché du commerce français avec tous les pays baignés par la Méditerranée et par l'océan Indien, et avec la Chine, le Japon, l'Océanie. Outre ses ports (le vieux port, la Joliette, etc.), ses docks, ses vieilles fortifications et ses établissements maritimes, elle possède de vastes places, de nombreux boulevards, de magnifiques promenades (le château Borély, le Prado, le Jardin zoologique), un musée et une bibliothèque d'une grande richesse, et plusieurs monuments remarquables (la Cathédrale, la chapelle de Notre-Dame de la Garde, l'église de Saint-Victor, l'Hôtel-de-ville, la Préfecture, le Palais de justice, le Palais de Longchamp, etc.)

2° **Aix** (29,057 hab.), chef-lieu d'arrondissement, siége d'une cour d'appel, d'un archevêché et d'une académie, est une ville d'origine romaine (Aquæ Sextiæ), située sur un plateau qui domine la vallée de l'Arc. Elle doit son nom à une source d'eau thermale. Ses principaux monuments sont la Cathédrale, l'Hôtel-de-ville, avec sa riche bibliothèque et l'ancienne Université.

3° **Arles** (23,494 hab.), chef-lieu d'arrondissement, sur une colline qui domine la rive gauche du Rhône est célèbre par ses monuments romains (l'Amphithéâtre, le théâtre, les Champs-Elysées (Aliscamps), le palais de Constantin), et ses églises du moyen âge (Saint-Trophime, l'abbaye de Montmajour, etc.)

4° **Tarascon**, sur le Rhône, chef-lieu de canton de l'arrondissement d'Arles (9,314 hab.), avec ses rues pittoresques (rue des Arcades), son vieux château du roi René, et ses églises du moyen âge (Sainte-Marthe) est la quatrième ville du département.

On rencontre de nombreuses ruines de monuments romains à St-Remy, à St-Chamas, à Orgon, et des ruines du moyen âge à Barbantane, aux Baux, à Miramas, à Noves, à Salon, etc.

ÉTUDE DU DÉPARTEMENT.

DOUZIÈME LEÇON. — LE CLIMAT. LES PRODUCTIONS AGRICOLES.

Climat. — Le climat de la basse Provence est chaud (température moyenne 14 1/2 degrés centigrades) et sec. Les vents, et surtout celui du nord-ouest, le *mistral*, y sont souvent d'une grande violence.

Agriculture. — Sur 510,000 hectares, les terres labourables en occupent 122,000, les vignes 40,000, les forêts et les taillis 60,000, les landes, les marais ou les pâturages secs 163,000. On ne cultive guère les *céréales* (froment et avoine) que dans la vallée de la Durance, dans la Camargue et dans quelques parties de la Crau.

Les *cultures maraîchères* et les *légumes* (haricots, fèves, pois) réussissent dans les parties irriguées : les cultures industrielles, sauf le *tabac*, sont à peu près inconnues : mais avant les ravages du phylloxera, la *vigne* produisait près de 400,000 hectolitres dans les vallées de la Durance, de l'Huveaune et de la Touloubre. Les arbres fruitiers, *oliviers*, amandiers, figuiers et le *mûrier* sont cultivés dans toutes les parties accidentées du département, surtout aux environs d'Aix. — Les essences dominantes d'*arbres forestiers* sont le pin et le chêne vert.

La Camargue, la Crau et les pâturages des Alpines nourrissent 360,000 *moutons*, 20,000 *chevaux*, 16,000 *mulets*, 17,000 *chèvres*, mais le *gros bétail* est peu nombreux. On élève, surtout dans les environs d'Aix et d'Arles, beaucoup de *vers à soie*.

TREIZIÈME LEÇON. — LES INDUSTRIES.

La Pêche. — Les principales pêches sont celles du corail (baie de Cassis), du thon et des anchois.

Salines. Carrières. Mines. — Les *marais salants* de la Camargue et de l'étang de Berre produisent plus de 60 millions de kilogrammes de sel.

Les Alpines et la Gradule renferment de belles carrières de *pierres de taille* (Fontvieille près d'Arles et Cassis) : la Trévaresse des carrières de *marbres*.

Les *mines de houille* de Gardanne, de Trets, et surtout les gisements de *lignites* du bassin de l'Arc (Juveau) et de l'Huveaune, sont abondants, mais l'exploitation des *métaux* est à peu près nulle.

Industries manufacturières. — Le seul grand centre est Marseille qui doit à son commerce une abondance exceptionnelle de matières premières. Les principales industries sont : les *forges* et les *fonderies*; les fabriques de *savon*, de *bougies*, d'*huiles de graines*, de *produits chimiques*; les *raffineries de sucres*; les fabriques de *bouchons*; les *minoteries*· la *chapellerie*; la *tannerie*.

Saint-Chamas possède une importante manufacture de *poudre*; Martigues et la Ciotat des *chantiers de construction*. Dans le reste du département l'industrie ne s'applique guère qu'aux produits du pays : Aix et Salon ont des fabriques d'*huiles d'olive*, Arles des fabriques de *saucissons*, Tarascon des *tanneries*, etc.

QUATORZIÈME LEÇON. — LES VOIES DE COMMUNICATION.

Les lignes de navigation. Le commerce extérieur. — Le port de Marseille, le plus actif de la France entière, est en communication par des lignes régulières de navigation à vapeur avec tous les pays baignés par la Méditerranée, avec les Indes, la Chine, le Japon, les possessions françaises, anglaises et hollandaises d'Océanie (Messageries maritimes, Compagnie transatlantique, Compagnie de navigation mixte, Compagnie marseillaise), avec l'Amérique du Sud (Société générale de transports à vapeur). Son port reçoit annuellement de l'étranger ou y renvoie plus de 10,000 navires jaugeant 6,700,000 tonneaux, et la valeur de ses échanges avec l'extérieur dépasse 2 milliards 1/2. C'est le premier marché de France pour les blés, les soies, les laines, les huiles, les graisses, etc.

Voies navigables. — Le seul cours d'eau navigable est le Rhône, et les seuls canaux de navigation le canal d'*Arles à Bouc* et le canal *Saint-Louis*.

Routes de terre. — Le département des Bouches-du-Rhône possède 5 routes nationales (285 kilomètres), 20 routes départementales (415 kilomètres), et 8,800 kilomètres de chemins vicinaux.

Chemins de fer. — Les lignes de fer sont : 1° Celle de Lyon à Marseille qui franchit la Durance au sud d'Avignon, longe le Rhône de Tarascon à Arles, traverse la plaine de la Crau, côtoie l'étang de Berre et perce la chaîne de l'Estaque avant d'arriver à Marseille, par le tunnel de la Nerthe, long de 4,600 mètres.

2° La ligne de Tarascon à Cette, qui rattache Marseille aux lignes du Midi.

3° La ligne d'intérêt local de Tarascon à Orgon.

4° La ligne d'Arles à Montpellier, qui franchit les deux bras du Rhône et traverse le nord de la Camargue.

5° La ligne d'Arles à Saint-Louis.

6° La ligne d'intérêt local d'Arles à Salon.

7° La ligne de Miramas à Cavaillon, qui se détache de celle de Lyon à Marseille, passe par Salon et franchit la Durance à Orgon.

8° La ligne de Marseille à Gap par Aix, qui franchit la Durance près de Peyrolles.

9° L'embranchement de Rognac à Aix.

10° L'embranchement d'Aix à Carnoules (sur la ligne de Marseille à Nice) par Brignoles.

11° Le chemin de fer d'intérêt local de Miramas à Port-de-Bouc.

12° Le chemin de fer d'intérêt local de Pas-des-Lanciers à Martigues.

13° La ligne d'intérêt local de Barbentane à Orgon par Châteaurenard.

14° La ligne d'intérêt local d'Eyguières à Mayrargues.

15° La ligne de La Ciotat (ville) à La Ciotat (gare).

16° et 17° La ligne de Marseille à Nice par Aubagne avec un *embranchement* d'Aubagne à Valdonne.

La longueur totale est d'environ 580 kilomètres.

TABLE DES MATIÈRES

Introduction 1-10

PREMIÈRE PARTIE

DESCRIPTION PHYSIQUE DE LA FRANCE.

Chapitre Ier. Bornes. Superficie; les rivages et les mers 12
Chapitre II. Limites continentales 21
Chapitre III. Le relief du sol. Montagnes, plateaux et plaines .. 26
Chapitre IV. Division en versants et bassins. Les fleuves et les lacs 36

DEUXIÈME PARTIE

GÉOGRAPHIE POLITIQUE.

Chapitre Ier. L'ancienne Gaule et l'ancienne France. Provinces, gouvernements, départements 47
Chapitres II à VI. Anciens gouvernements de provinces. Départements, villes principales 53
Résumé. Tableau des départements suivant l'ordre des bassins, et concordant avec les anciennes provinces 73
Chapitre VII. Population. Gouvernement. Notions de géographie agricole, industrielle et commerciale 81
Chapitre VIII. Les colonies françaises 93

APPENDICE

Etude du département 102

TABLE DES CARTES

1 Mappemonde en deux hémisphères 3
2 Planisphère 7
3 Europe politique 11
4 Carte physique de la France 19

TABLE DES MATIÈRES.

```
5  Gaule à l'époque de César....................................  48
6  Empire des Francs sous Charlemagne......................  50
7  La France divisée en provinces (1789)....................  52
8  Empire français en 1811....................................  54
9  Bassins du Rhône et bassins côtiers......................  56
10 Bassin de la mer du Nord..................................  60
11 Bassin de la Seine et bassins côtiers....................  63
12 Bassins de la Loire et de la Vilaine.....................  68
13 Bassins de la Garonne, de la Charente et de l'Adour...  71
14 France administrative......................................  78
15 France agricole et minérale................................  82
16 Voies de communication...................................  88
17 Afrique, Algérie et Tunisie................................  95
18 Planisphère indiquant la position relative des colonies françaises ..............................................................  97
```

TABLE DES FIGURES

```
1 Falaises d'Étretat.......  14    7 Maïs...................  84
2 Coupe d'une dune......  16    8 Ver à soie.............  85
3 Marais salants..........  16    9 Houblon................  85
4 Vue de la chaîne des          10 Vue panoramique d'Alger.  94
   Puys.................  29    11 Vue de Saint-Louis (Sénégal)..............  98
5 Glacier des Bossons...  32
6 Maison carrée à Nîmes..  58
```

SAINT-CLOUD. — IMPRIMERIE BELIN FRÈRES.

www.ingramcontent.com/pod-product-compliance
Lightning Source LLC
Chambersburg PA
CBHW070522100426
42743CB00010B/1918